·幸福空间设计师丛书·

商业空间

名家室内设计精选案例鉴赏

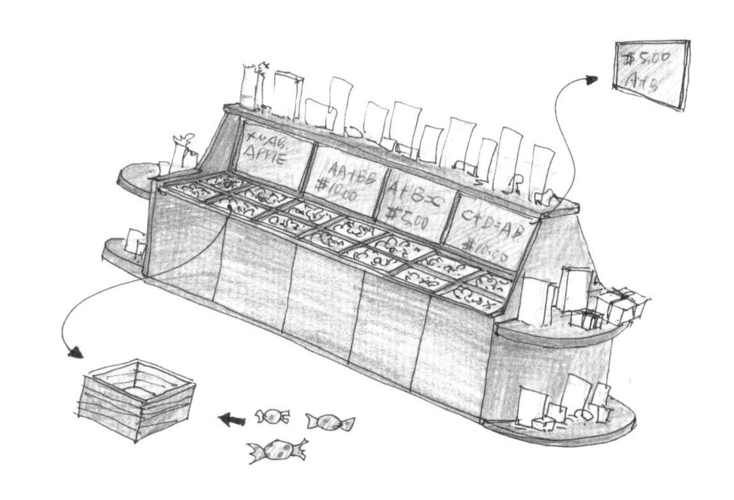

幸福空间有限公司　编著

清华大学出版社
北　京

内 容 简 介

本书精选台湾一线知名设计师的36个商业空间最新真实设计案例，从总体概述、设计思想、格局规划、材质运用、难题破解等方面进行图文并茂的讲解，包括服饰店、餐饮店、咖啡馆、影像店、日式料理店、售楼中心等，所有案例均有设计师本人解析，保证了内容的权威性、专业性和真实性，代表了当今台湾商办空间设计的最新成果和发展潮流。

本书还配有设计师现场录制的高品质多媒体教学光盘，光盘内容包括：获奖空间与设计和医疗空间（谭淑静主讲）、办公空间（许炜杰主讲）、影像精品店（俞佳宏主讲），是目前市场上尚不多见的书盘结合的商业空间设计书。

本书可作为室内空间设计师、从业者和有商业空间设计需求的人员以及高校建筑设计与室内设计相关专业的师生使用。

图书在版编目（CIP）数据

名家室内设计精选案例鉴赏.商业空间/幸福空间有限公司编著.—北京：清华大学出版社，2014
（幸福空间设计师丛书）
ISBN 978-7-302-36946-2

I. ①名… II. ①幸… III. ①商业建筑－室内装饰设计－世界 IV. ①TU241

中国版本图书馆CIP数据核字（2014）第131712号

责任编辑：王金柱
封面设计：王　翔
责任校对：闫秀华
责任印制：沈　露
出版发行：清华大学出版社
　　网　　址：http://www.tup.com.cn，http://www.wqbook.com
　　地　　址：北京清华大学学研大厦A座　　**邮　　编：**100084
　　社 总 机：010-62770175　　**邮　　购：**010-62786544
　　投稿与读者服务：010-62776969，c-service@tup.tsinghua.edu.cn
　　质量反馈：010-62772015，zhiliang@tup.tsinghua.edu.cn
印 刷 者：北京天颖印刷有限公司
经　　销：全国新华书店
开　　本：213mm×223mm　　**印　张：**8　　**字　数：**192千字
　　附光盘1张
版　　次：2014年9月第1版　　**印　次：**2014年9月第1次印刷
印　　数：1~3500
定　　价：49.00元

产品编号：059775-01

光盘 About DVD

现场实录

王牌设计师主讲

本光盘教学录像由幸福空间有限公司授权，
该公司家装节目已在国内多家电视台播出。

设计师 About Designer

P001 G. A. O.（Glocal Architecture Office）

国际视野、本地思考，是我们的识别也是我们的设计理念，具冒险性实验精神，充分考虑设计案周遭的微气候，并具体实践在我们的设计作品之中。

P010 黄维哲

设计的目的在于创造完美，也就是创造最美的效益。设计留存下来因为它是艺术，它超越实用性。

P018 柯竹书 杨爱莲

住宅是容纳生活的容器，擅长运用素朴质材混搭现代极简元素，打破人与自然的隔阂，让室内空间与自然环境对话。无论是晴天、雨天、绿意或是红叶的季节，在室内空间里也能感受到时时刻刻变化的光影，体验生活与自然的跃动。

P028 范镇海 卓宏洋

空间不应只是四方形，或许一个小小的分隔，就可以造就一个特别的小宇宙；色彩不应该局限，或许在一片白中可以给它一丝鲜艳；房子大小不能局限住设计的可能性，当然也不能限制住您的想象；预算多寡不能限制住创意，即使一片纯白的墙都会赋予它生命力。

P034 李政展

在空间应有的功能结构中变化出具有创意及艺术美感的实用空间。设计是工作，也是生活，更是一种态度。

P004 林贝珍

重视设计与人性的契合，重现美观与实用兼备的空间生活；并巧妙地将动线与生活功能连接。
设计不只是功能空间的意义，更是能保有美好记忆与品位美学的一种方式。

P014 蔡宗谚

从严谨、专业的态度出发，落实符合人文生活的空间规划。建立设计者与居住者良好的互动，倾听居住者的生活需求，领导前卫流行概念和艺术价值而挥洒创意的同时，也兼顾到美学与功能的发挥。

P024 陈元旻

跳脱大众对于设计风格的拘束与窠臼，倾力于建立专属于业主独树一格的生活氛围。并以稳健成熟的土木工程及建筑营造背景，为室内设计的美观与实用注入安全又安心的空间精神。

P032 蒋孝琪 萧明宗

保持对设计与建筑的热忱，不断地自我要求及创新。设计不但是种创造美学的艺术表现，更应该通过细心沟通，了解业主的习惯及生活背景，于美感与功能间寻求最完美的平衡点，创造居住者独一无二的幸福空间。

P038 饶维超 郭峻成 谢蕙雯 王文正

于设计规划中提供多变化且独特的设计理念，对空间质感有完整的诠释及独特感受。

P042 锺雍光 锺鼎

用客户的预算+客户的需求+我们的专业及热诚=圆满结局皆大欢喜。

P048，P049，P116 林子庭

让活着是种幸福，运用自己于空间设计的专业，使食、衣、住、行、娱乐接触到的每个空间更加完美。

P056，P140 宋明翰

擅长以叙事式的细腻情境手法，营造场景氛围，创造动人的空间画面。对案子倾注的专注力与心血，从不因预算高低而有所差别，在符合居住者空间功能需求的前提下，实践美学主张。

P068 张维玲

纯粹就是美。任何东西都有它的美感，首要是纯粹，就是做什么像什么。该奢华就让它奢华大气，该简洁就让它极简到可嗅出禅味。

P078 苏健明 Arthur Su

擅长运用H.S.（Heuristic Structure）解构深层结构，以心象演述情境，归纳与演绎出相对时空之合理逻辑结构。表层涵义往往呈现现代极简之面貌。

P046 林启宏

P050，P128 玉鼎设计团队

设计赋予空间活力与创造力，美学赋予视觉飨宴，功能让空间充满生命力。结合无限可能、创造无限想象，展现无与伦比的风格。

P064，P100 郑惠心 黄翔臻

从事室内设计20年来，始终秉持归零的哲学，如新生儿的好奇与求知，持续吸收更多的创意思维，反刍成每个个案的设计养分，将静态的空间与动态的居住者整合成一个完美的互动体。

P072 林士翔

着重于空间内涵与长远价值，重视空间与人的互动，希望以建筑人的专业角度提升空间设计质量。并将客户满意度视为最高前提，期许每个客户都能置身于臻至完美的空间。

P082 吴希特

好的家居设计，给予人的印象是温馨、舒适、可依赖的，容易让人产生安全感，这正是创意的原动力，融入浓郁的现代情感与科技生活智慧，将家居设计升华为艺术的精灵，展现无穷的生命力。

P086 张 馨

人与生活是空间的构成元素之一，因此，空间初完成是通透干净的，经过时空的粹炼，成为一个久看不腻的品位住家。每一次完美空间的诞生，都可以看见设计师将居住者的性格与喜好，融入空间的每个角落，无所谓设计的坚持，只是自然地将生活的美放入空间之中，彷佛一场音乐与美食的盛宴。

P090 陈岳宏 陈震宇

以温馨与轻松的概念营造空间情境，并以柔和清新的色系作为空间色彩的基调，将空间通过简单的线条比例，切割出空间类别与属性，以彰显出空间雅致的细节。

P096 黄豪程

致力于实践“新空间概念”，提倡使用环保素材，并以人本为出发点，让空间衍生出更多可能性。将空间结合使用者的内在品位，经过整合规划，并通过有形的元素、形象，无形的光、影、质感、色调……营造舒适的空间感受，使空间的使用者无时无刻都能感受到与生活空间对话的幸福。

P104 骆中扬

重视不同客户对居家的个性需求，以此为出发点，架构实用、舒适的幸福居家。营造身、心、灵放松舒适的亲密场所。

P110 张志成

倾听业主的声音，将每位业主对空间的想象与梦想逐一实现。通过设计创造结合生活与美感的空间，发挥设计的最大价值。

P120 许雅闵

建筑及室内终究是因人的需求而衍生的，回归起点，不外乎人体工程学及生活方式。
每个案子都在试着了解客户的生活方式，做出符合他们需求的设计，始终保持实用与美学平衡，让时尚与生活接轨。

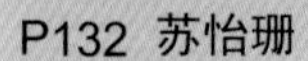

P132 苏怡珊

期盼用专业与努力，从空间功能、细部设计、材质五金到家具软材与布置，提供空间使用者一个良好且合适的空间计划。

P136 林倩如

以“你”为设计故事中的主角， 为“你”创造故事的美好画面，每个空间都有故事，我们是搭建故事的场景设计师，让你的故事一直留在空间中，将生活的形态写入空间中，让空间不断有新意。

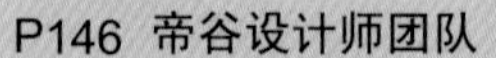

P146 帝谷设计师团队

设计的目的是贴近生活延伸，型随功能而生，量身打造专属空间，开启空间情境与感官的触动。

P150 郑惠心

性格中理性与感性的合谐平衡，使设计作品往往超越性别的框架，铺排出大气而利落的线条格局，但细微之处，又可感受到内蕴细腻而柔致的余韵。

Contents

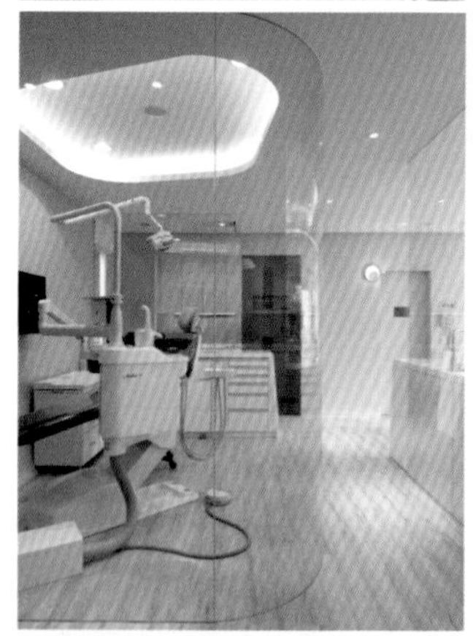
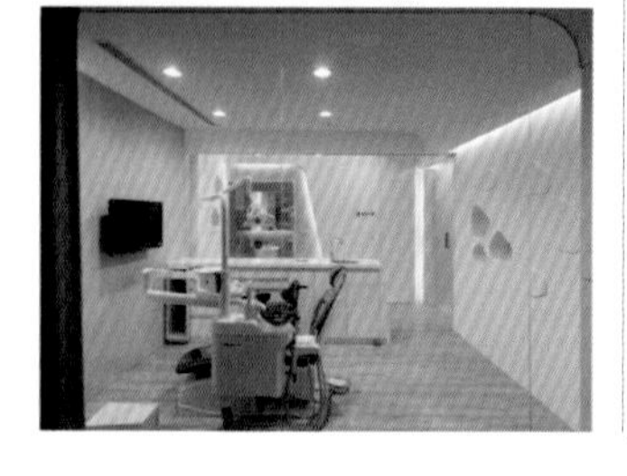

安藤国际室内装修工程有限公司·吴宗宪建筑师事务所 G. A. O.（Glocal Architecture Office）

小品·设计本质

坐落位置｜台北市·承德路
空间面积｜132m²
格局规划｜4楼为玄关、接待区、办公区、会议室
5楼为独立办公区、熬夜睡觉区
主要建材｜钢刷橡木皮、金属框、铁件、钢丝玻璃、喷漆、水泥粉光、地板灯

跨领域的设计合作，以回归本质的感动，将业主父亲留下的老房子变身为工业感商业空间，希望以实质的传承开创未来的无限。

在整体设计上，异于一般以硬件为主轴的设计异向，对于灯具情有独钟的业主特别从网上竞拍下二次大战时期的古董灯具，与现代LED灯和地灯混搭；为了凸显“本质”精神，门面墙部分也大胆地将原有的表皮拆除，代之以砖墙粗犷外露加灯光渲染。

除在形体上着墨外，设计师也将无形的空气纳入思考，东西坐向的建筑通过钢丝玻璃区分办公及会议区，使用者仅需将拉门开启，便能达到最佳的通风效果。

1.空间亮点：对于灯具情有独钟的业主，从网上竞拍下二次大战时期的古董灯具，展现另类焦点。

2.洽谈区：红色墙面的接待区，在重度工业风格里注入另一番风格气息。

3.五楼办公区：熬夜使用的办公及休息区，使用直接刷色的白墙。

4.办公入口动线：尚未有招牌悬挂的办公室空间，以简单的木质开门、楼梯扶手线条，倾诉空间气氛。

5.立面运用：自行车的设置让平凡交通工具变身装置艺术。

6.门面外观：为凸显“本质”精神，门面墙部分也大胆将原有的表皮拆除，代之以砖墙粗犷外露加灯光渲染。

7.会议室：除在形体上着墨外，设计师也将无形的空气纳入思考，东西坐向的建筑体由钢丝玻璃区分办公及会议区，使用者仅需将拉门开启，便能达到最佳的通风效果。

升炀建筑空间规划设计·设计师 林贝珍

在空中花园订制一场华丽时尚飨宴

挑高四米一的楼层设计，从空间感上营造气派奢华。搭乘专属电梯从梯厅进入会客区，在房主收藏的字画艺术品包覆中，营造展览室兼会客室的华贵气质，加长L型米色皮制沙发位于视野端景处，可容纳众多宾客在此小歇，谈笑交流的笑语吸纳进天花与墙壁包覆的吸音绷布内，有着不受干扰的隐私设计。

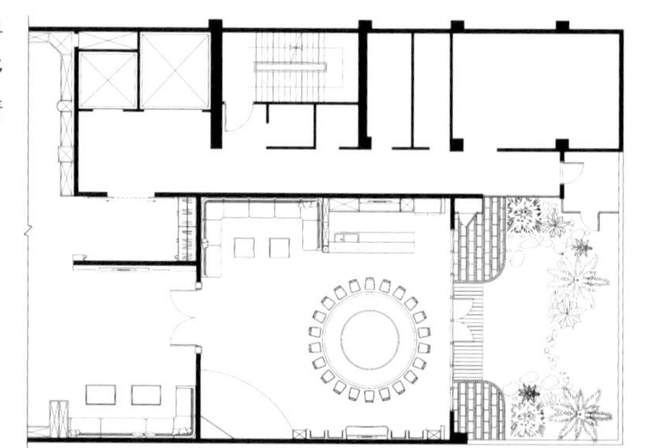

坐落位置 | 台北市·内湖区
空间面积 | 330m^2
格局规划 | 玄关、会客区、舞台、休息区、宴会厅、吧台区、庭院
主要建材 | 大理石、进口木纹砖、订制家具、订制灯具、绷布

2

1.**宴客区**：设计师结合灰镜、线板等元素，打造呼应餐桌尺度的造型圆弧天花，与同比例缩小尺寸订制的水晶灯共同烘托不凡气度。

2.**奢华尺度**：从欧洲订制进口大理石壁炉，并将沐浴图浮雕内嵌于造型壁炉两侧，完整呈现气派奢华氛围。

推开重达百公斤的实木双推门，大尺度的宴会桌与LED光影变化，惊艳进门视野，将舞台、休息区、宴会厅、吧台区整合于同一个开放空间内，精算过的空间配置及比例，无论坐在哪一个角落，都能无遮蔽地欣赏到架高舞台上的精彩演出。

进口木纹砖铺饰的地面上，设计师另于舞台前以大理石拼花华丽舞池，随着格栅天花上光影的投射流转，舞出热闹带劲的迪斯科，或优雅轻柔的华尔兹。可容纳二十余人同时入席的宴会区旁，从欧洲订制进口大理石沐浴图浮雕并内嵌于造型壁炉两侧，克服施工上的难度，结合灰镜、线板等元素，打造呼应餐桌尺度的造型圆弧天花，与同比例缩小尺寸订制的水晶灯共同烘托不凡气度。

1.**无碍视野**：精算过的空间配置及比例，无论坐在哪一个角落，都能无遮蔽的欣赏到架高舞台上的精彩演出。
2.**惊艳视野**：推开重达百公斤的实木双推门，大尺度的宴会桌与LED光影变化，惊艳进门视野。
3.**开放格局**：按照房主期待，将舞台、休息区、宴会厅、吧台区整合于同一个开放空间内。

2

3

珍惜
達

在沉稳木色与奢华尺度混搭的内敛气派之外，宽广的户外庭园以石板踏面、石龛灯笼与小池流水，在一片绿意中铺陈日式禅境庭园，在笑语喧闹后保留一处沉淀静心之地，私人会所招待的不只是宾客，更是主人翁的心灵秘境。

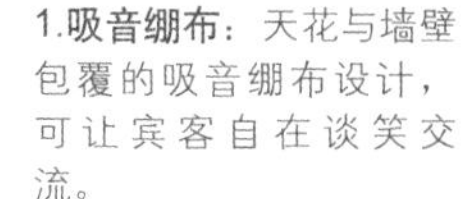

1.吸音绷布：天花与墙壁包覆的吸音绷布设计，可让宾客自在谈笑交流。
2.长型沙发：加长L型米色皮制沙发位于视野端景处，可容纳众多宾客在此休息。
3.日式庭园：宽广的户外庭园以石板踏面、石龛灯笼与小池流水，在一片绿意中铺陈日式禅境庭园。
4.沙发区：宛如VIP包厢的座位设计，是小型演唱会的最佳摇滚区。
5.吧台区：以实木与绷皮订制的吧台区，在精细的手工雕琢外，亦有完备的轻食功能。

康乾设计工程有限公司・设计师 黄维哲

速度、梦想与极致的工艺展现

1.旗舰店外观：旗舰店位于台北市内湖，展示具有机车界法拉利之名的Ducati的车款。
2.设计意象：对于速度、竞赛的渴望，是每个骑士与生俱来的本能。
3.明亮舒适的环境：具有挑高的楼层高度、大面的落地窗，提供宾客一个明亮舒适的区域，可以尽情地赏车，满足爱车朋友们的执着与喜好。

对于速度、竞赛的渴望，是每个骑士与生俱来的本能，旗舰店位于台北市内湖，展示具有机车界法拉利之名的Ducati的车款；其整体的设计上，演绎着意大利的时尚感，并引出Ducati身上独有的科技线条。

为车友们打造了一座梦想之地，在进入室内空间的时候，即能感受到一种宽阔、无压的展示空间；这样高度开放的区域，更井然有序地分为几个区域：机车展示区、人身部品区、接待区、洽谈区、维修区以及二层的办公区。

延续着理性的色系与利落的线条，铺陈出Ducati品牌的设计元素。挑高的楼层高度和大面的落地窗，为宾客提供一个明亮舒适的区域，可以尽情地赏车，满足爱车朋友们的执着与喜好。

1.意大利工艺：在整体的设计上，演绎着意大利的时尚感，并引出Ducati身上独有的科技线条。

2.接待区及洽谈区：接待区立面墙采用烤漆与铝合金的材质，并以切割线条来呈现理性与利落感。

3.场域区分：高度开放的区域，更井然有序地分为机车展示区、人身部品区、接待区、洽谈区、维修区以及二层的办公区。

4.人身部品区：对于速度、竞赛的渴望，是每个骑士与生俱来的本能。

5.宽阔无压：为车友们打造了一座梦想之地，在进入室内空间的时候，即能感受一种宽阔、无压的展示空间。

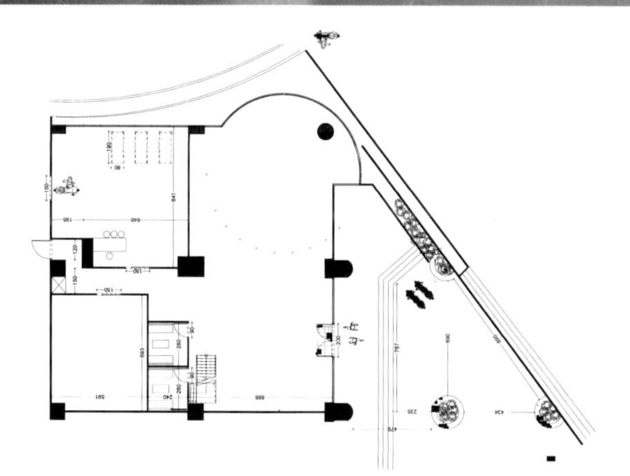

坐落位置 | 台北市・内湖
空间面积 | 661m²
格局规划 | 接待区、展售区、办公区
主要建材 | 抛光石英砖、铝合金、塑铝板

慕泽设计股份有限公司·设计师 蔡宗谚

湛蓝写意：净、透、白

圆弧曲线：柔软空间线条的导弧曲线向后递延到诊疗区的清玻璃墙面上，顺着动线流转来到最后的员工休息室。

是仰望棉柔白云漂浮在无瑕蓝天里的景致放松？还是徜徉水蓝大海里更感无压？或许每个人有着不同的答案，但两者之间共同的“蓝”，就是感知平静与轻松的关键元素，设计师颠覆传统牙医诊所设计表情，让净白与湛蓝包围，聚拢出一室轻松无压，舒缓病患的紧张情绪。

与整体的舒压氛围相呼应，设计师去掉空间死角，改以导弧曲线柔软空间线条；由白色人造石柜台开始圆弧线条，向后递延到诊疗区的清玻璃墙面上，顺着动线流转来到最后的员工休息室，天花处的间接照明亦以圆润角度呈现，自然日光与间接照明光影穿透交流，营造明朗无压的闲适氛围。

柜台：与整体的舒压氛围相呼应，去掉空间死角，改以导弧曲线柔软空间线条。

1.等候区：白、蓝、灰，自成一处闲适角落。
2.玻璃隔间：清透的玻璃隔间让视野明亮放大。
3.蓝白舒压：颠覆传统牙医诊所设计，让净白与湛蓝包围，聚拢出一室轻松无压，舒缓病患的紧张情绪。
4.VIP室：设计师为注重隐私的客人打造VIP室，童趣的造型墙设计，活泼空间气息。
5.卫浴：蜂巢造型砖拼贴出线条趣味，与镜面相辅相成放大空间。

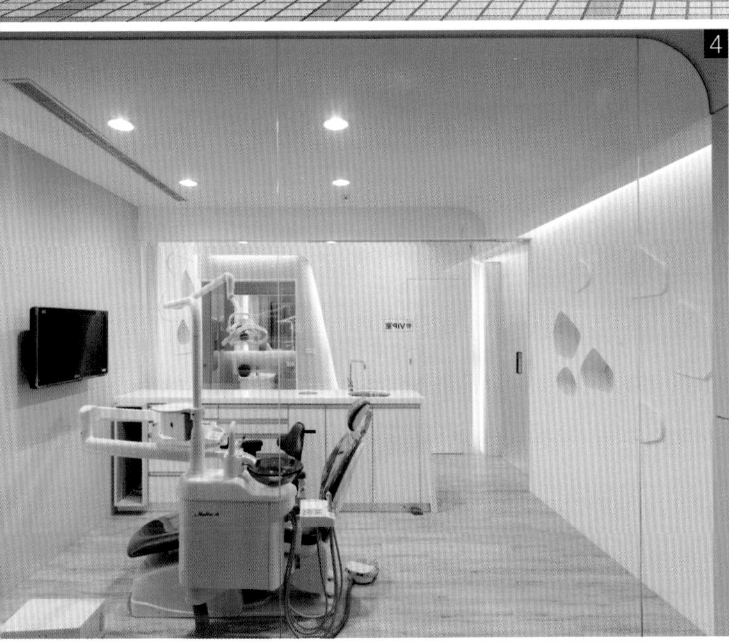

坐落位置 | 桃园・龟山

空间面积 | $198m^2$

格局规划 | 柜台、等待区、诊疗区×3、X光室、技工室兼消毒室、VIP室、员工休息室兼会议室、卫浴、储藏室

主要建材 | 雾面石英砖、人造石、木纹PVC地砖、玻璃

大湖森林室内装修空间工程设计公司·设计师 柯竹书 杨爱莲

日光回流·静谧之所

坐落位置｜台北市
空间面积｜193m²
格局规划｜办公空间为办公区、主管办公区、公共卫浴、中岛、厨房、储藏室、后阳台
居住空间为玄关、客厅、餐厅、厨房、主卫、客卫、主卧室、次卧室×2
主要建材｜梧桐木染色、栓木集成、灰镜、石材

坐落于台北市的商住复合空间，作为台商房主常年在外的台湾办事处。期待引入自然日照的纯净暖度，让光影气场得以不受拘束恣意对流。设计师重新思考使用者与格局空间的互动关系，将区域范围一分为二，通过环绕式的动线规划，让住办区域各自独立却又紧密连接。

前区作为复合空间中的办公部分，着重于收纳功能的淋漓发挥。权衡考虑使用需求，采取三轴向的独立动线，衍生出类似迷宫式的格局设计。由白砖、栓木集成材构成的质感温润，打造出一隅思绪沉淀的静谧角落。

客厅：光影气场的恣意对流，让俗扰忧虑随适而安。

而后区规划为居住隐私部分，通过利落收整的墙体立面，以暗门修饰不着痕迹。形式开放的餐厨区，舍弃既定概念中的餐桌配置，以多功能复合餐吧创造出更加丰富的功能运用。而料理台在不破坏桌面完整性的前提之下，将水线规划安排在天花板之上，传达出装置效果强烈的美感意味。

睡眠区跳脱以往格局思维的安床原则，以环状式动线安排而更加符合现代生活的起居模式。在卫浴空间的风格设定上，融入度假汤屋的概念，让一天下来的忙碌疲惫，在此获得充分纾解。

1.**客厅主墙**：通过利落收整的墙体立面，将功能所需以暗门修饰，不着痕迹。

2.**双面功能**：融入双面柜手法的巧思创意，让原先单一性的区块界定蕴含多种功能使用。

3.**复合式空间**：舍弃既定概念中的餐桌配置，以多功能复合餐吧创造出更加丰富的功能运用。

4.**日光区域**：期待引入自然光照的纯净暖度，细细品味简约风格中的幸福意涵。

5.**料理台**：在不破坏桌面完整性的前提之下，将水线规划安排在天花板之上，传达出装置效果强烈的美感意涵。

3

4

5

1.**环状动线**：采取环形动线的格局规划，让空间配置更加贴近日常作息的使用逻辑。
2.**工作区**：由白砖、栓木集成材构成的办公环境，打造出一隅思绪沉淀的静谧角落。
3.**功能配置**：通过吊柜运用，尝试在有限的空间内，创造出最佳的功能发挥。

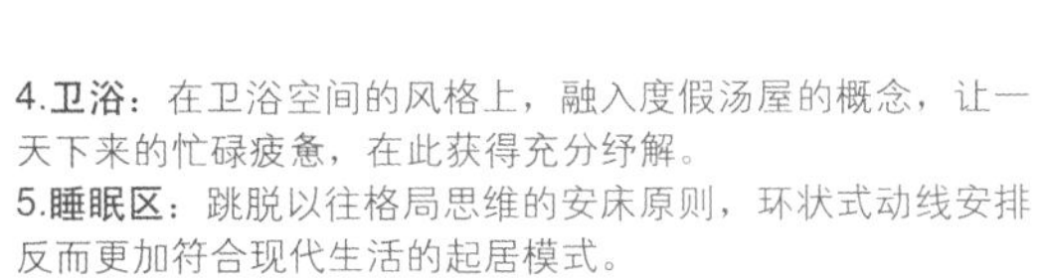

4.**卫浴**：在卫浴空间的风格上，融入度假汤屋的概念，让一天下来的忙碌疲惫，在此获得充分纾解。
5.**睡眠区**：跳脱以往格局思维的安床原则，环状式动线安排反而更加符合现代生活的起居模式。

4

5

尚扬理想家 设计总监 陈元旻

邀日月
共品咖啡香

坐落位置｜新北市·中和区
空间面积｜$50m^2$
格局规划｜外带区、吧台、用餐区、办公室
主要建材｜实木木皮、铁件、枕木、清玻璃、文化石、水泥粉光

本案以绿建筑概念打造咖啡厅，从环境共生角度诠释未来生活概念。结合不规则木作、铁件架构建筑体框架，并施以大量清玻璃营造通透视野，弱化了室内与户外的分界，制造视觉上的协调感，而内部功能也采用水泥粉光、文化石铺排，将耗材量减至最低，还原空间使用本质，体现与自然共存真谛。

半高柜体：以文化石包覆的半高展示柜，既可划分区域也保留了视野的穿透性。

1 2 3

4

1.2.**建材**：结合不规则木作、铁件架构建筑体框架，并施以大量清玻璃营造通透视野。
3.**门把**：实木与清玻璃门板上的铁件把手，融合主体设计元素呈现简约工业感。
4.7.**外带区**：长形屋廓的斜角区规划外带区。
5.**吧台**：呼应主体设计线条，多角度变化的吧台以无修饰的水泥粉光打造现代感美学。
6.**延伸视野**：仅50m^{2}大的空间，通过蜿蜒动线与穿透设计延伸出双倍视野。

喜室时尚空间设计·设计总监 范镇海 设计副总监 卓宏洋

曲线律动·伸展心灵美好

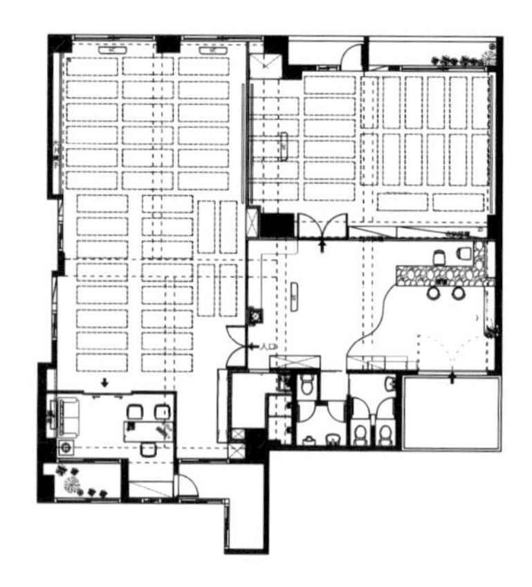

坐落位置 | 新北市·永和
空间面积 | 264m²
格局规划 | 接待区、心灵教室、瑜珈教室、办公室、更衣室、洗手间
主要建材 | 大理石、超耐磨地板、海岛型超耐磨木地板、文化石、藤制饰品、明镜、板岩、LED

这是一处瑜珈教室空间，除了伸展肢体，还期待给予来访者身心的放松平衡。伴随着轻柔的乐曲，以文化石为主体的衬景用天然质感营造第一眼印象；以黑镜与黑檀打造的柜台，遮掩着作为接待之用的计算机设备；留言板下方的双向柜体，部分可作为门面区收纳，背向则可作为心灵教室置物区，从而让每一寸空间皆可妥善运用。

跟随着地面上的曲线流动，来到心灵教室与瑜珈教室，为让学习、放松更为到位，心灵教室内设计师贴心于镜面及窗户安排大地色系布幔，以阻绝外在干扰；而瑜珈教室通过大量镜面铺排，方便授课者尽情观察个人的肢体变化，为了达到最佳的学习效果，全空间天花到地面皆设计隔音设备，地面上榻榻米与木地板无高差的完美水平，更见设计细节，有助于提升教学质量。

走进瑜珈世界，除了肢体伸展，更期待能给予来访者身心的放松平衡。

1

2

1.接待区望向教室：运用集层材木皮与黑镜结合的教室门，低度透视让教学过程保有更多的隐私与放松氛围。
2.柜台设计：倒锥型柜台以黑镜与黑檀为材质，遮掩作为接待之用的计算机设备。
3.心灵教室：跟随着地面上的曲线流动，来到心灵教室与瑜珈教室空间，为让学习、放松更为到位，心灵教室内贴心于镜面及窗户安排大地色系布幔，以阻绝外在干扰。
4.接待区：伴随着轻柔的乐曲，以文化石为主体的衬景用天然质感营造第一眼印象。
5.6.办公室：喷以雾玻璃的办公空间，以单椅跳色注入活泼气息。

逸乔室内设计·设计师 蒋孝琪 萧明宗

嫩彩缤纷的时尚小幸福

坐落位置｜台北市
空间面积｜40m^2
格局规划｜柜台、用餐区、卫浴
主要建材｜文化石、茶镜、喷漆

1.7.**挑高手法**：以刻意不包覆天花的手法放大挑高区域。
2.**用餐区**：每一张餐桌上方都配有球型镜面照明，更添现代时尚感。
3.**材质层次**：进入卫浴的墙面以文化石表现不同层次的白，材质对比表现空间趣味。
4.**卫浴**：延续文化石的砖面线条于立面，并于视线上方拼贴马赛克饰条，同时在茶镜反射中将层次感放大。
5.**活力缤纷**：以女性为主要消费人群的果汁店，通过大量的粉红、粉蓝及粉绿缤纷装点。
6.**立面层次**：以色块与茶镜拼贴，丰富视觉层次。

1

2

3

4

5
雪花冰 ICE
仙草
芒果
奇異果
花生牛奶
香蕉巧克力
鮮果昔 Smoothie
果汁 Juice
ICE BROTHERS
ICE BROTHERS
雪花兄弟
6
ICE BROTHERS
7
ICE BROTHERS
雪花兄弟

阳光室内装修设计·设计师 李政展

科技与知性的和谐温度

坐落位置 | 台南科学园区
空间面积 | 661m²
主要建材 | 柚木集成材、玻璃、烤漆板、木纹板、人造石

坐落于南科的工厂办公复合式空间，占地面积达到661m²。在沟通之初，房主明确提出所求，期待能抛开传统科技公司的生冷氛围，将科技与人文重新调和诠释。设计师投入匠心独运的功能美感，在门面柜台处，由电镀钢板与木隔栅构成入门端景，自然形成一分为二的动线区别。而在企业精神Logo上，运用集成材自然不刻意的层次细节，搭配光晕效果与色彩对比，让Logo字体清楚呈现。

天花板搭配装置性灯饰点缀，演绎出波光淋漓的动人效果。在一侧，将推广产品与企业形象通过灯箱手法，一一清楚展示却不显丝毫突兀。办公区域的天花板以冲孔钢板交错表述，展现不同于一般科技公司的氛围张力。廊道玻璃以比例合宜的喷砂修饰，既能保有隐蔽私密，同时也有延伸视野的效果。

门面柜台：由电镀钢板与木隔栅构成的入门端景，自然形成一分为二的动线区别。

Foresight

1
Foresight
The Professional Solution

2
Foresight
3
Foresight
foresight

1.流明天花：在流明天花之下搭配装置性灯饰点缀，演绎出波光淋漓的动人效果。
2.企业Logo：运用集成材自然不刻意的层次细节，搭配光晕效果与色彩对比，清楚呈现企业Logo。
3.灯箱展示：将推广产品与企业形象通过灯箱手法，一一清楚展示却不显丝毫突兀。
4.低调线条：素雅配色中，佐以深刻简约的沟缝线条，营造出低调风格的情境区域。
5.廊道：比例合宜的喷砂修饰，既能保有隐蔽私密，同时也有延伸视野的效果。
6.办公区：以冲孔钢板交错表述，展现不同于一般科技公司的氛围张力。

雅舍设计·设计师 饶维超 郭峻成 谢蕙雯 王文正

面包与咖啡·分享悠闲午后

坐落位置 | 板桥
空间面积 | 182m²
主要建材 | 毛丝面不锈钢、空心砖、大理石、塑料地板、喷漆

坐落在板桥的面包烘培坊，有别于一般“买了就走”的消费模式，设计师期待能以一杯咖啡配上刚出炉面包的浓郁飘香，汇聚情感交流的无限触动。外观门面选择了大尺度的落地采光，让来往行人的目光焦点向内顺势延展。在进门处的中岛部分，摆放的是出炉不久的新鲜面包，而一侧以石材砌造呈现出的展示柜，赋予空间更加稳重的视觉感。

采用层次多变的功能铺陈，让个别区块使用一目了然。收银柜台导入圆弧曲度的曼妙轻盈，与天花造型形成视觉呼应。在天花板部分以工业风的简洁利落搭配灯饰，引导视觉的节奏韵律。

设计师希望能在烘培室的规划上，将对于食材的每一分专注毫不保留地与客人分享，卫浴动线规划避免了空间情境的冲突感，此外特别把部分用餐空间配置在动线末端，预留了人文角落。

视觉导引：天花板部分以工业风的简洁利落搭配灯饰，引导视觉的节奏韵律。

1.4.**收银柜台**：导入圆弧曲度的曼妙轻盈，与天花造型形成视觉呼应。
2.**烘培室**：期待将对于食材的每一分专注，毫不保留的与客人分享。
3.**面包柜**：以石材砌造呈现出的展示柜面，赋予视觉更加稳重的空间感。
5.**外观门面**：选择了大尺度的落地采光，让来往行人的目光焦点向内顺势延展。

1

2

3

4

5

奥立佛室内设计·设计师 锺雍光 锺鼎

LOFT美学·背包客时尚旅店

坐落位置 | 高雄市
空间面积 | 198m²
格局规划 | 接待区、上网区、卧室×3、卫浴×3
主要建材 | 铁件、系统柜、黑板漆、交钉砖

背包客，泛指背着背包长途旅行的人，在轻装简从的旅行中，往往不计较奢华的住宿质量与舒适的交通，最大的财产是无以计数的人文美景与情感记忆，旅行过大半个地球的房主，却想给背包客一个时尚舒适的休憩角落。

这是一处紧邻高雄车站的老房子，已有三十年房龄，设计师保留洗石子楼梯面等建筑记忆作为设计特色，利用橘红漆面、深灰黑板漆在白色基调里做一跳色表现，再以复古混搭现代线条家具，让品位家具自述LOFT空间时尚表情。

上方两个楼层，分别是男生房与女生房，无多余的空间缀饰，仅以色彩表达不同的卧眠表情，设计师在每个床位旁皆设有贴心置物平台，让留宿不只是身体的暂留，更是沉淀心灵的短暂歇息。

背包客旅社：旅行过大半个地球的房主，希望打造出让背包客感觉时尚舒适的休憩角落。

1.**新旧混搭**：设计师保留洗石子楼梯面等建筑记忆作为设计特色，同时混搭新设计线条。
2.**静谧氛围**：简约的设计线条与质朴的家具，于光圈中柔和出静谧氛围。
3.**家具**：设计师采用复古混搭现代线条家具，让品位家具自述LOFT空间的时尚表情。
4.**空间照明**：投射于橘红壁面上的光源，结合柜台上方的造型照明，营造出舒服的居家氛围。
5.**卧眠空间**：以房主旅游世界的经验，在每个床位旁皆设有贴心置物平台。

4

5

欧肯系统家具—三重店・设计师 林启宏

现代感汇集的人性化办公空间

本案中，设计师以现代利落的元素来表达企业形象，充分考虑环境与人的互动关系，并通过有效率的配置规划，摆脱传统办公室的严肃冷酷，让办公动线设置更加流畅。进入内部，使用板岩砖与梧桐风化木格栅构筑的立面墙与天花板营造出立体意象，并引出公司的企业标志。

内部办公空间通过大尺度、开放形式来表现，划分出接待区、办公区、展示区、会议室等必要空间。为增加视野的开阔性，会议室隔间墙以清玻璃取代，并以斜面的铁件收边，呼应对向由梧桐木皮及茶镜所搭配的斜向设计，使其更具质感与律动感。而办公区的柱体上则以文化石铺排，活跃了区域的整体气氛；上方天花板则喷上黑色油漆，让空间呈现挑高的视觉意象。

坐落位置｜新北市・中和

空间面积｜397m^2

格局规划｜玄关区、接待区、业务区、内勤区、展示区、会议室、教育训练室、茶水间、仓库间、会计室、特助室、董事长室

主要建材｜板岩砖、文化石、铁件喷黑、梧桐风化木皮、茶镜、茶玻、系统柜、大理石、LED绿能灯具、超耐磨塑料地板、OA办公家具

1.办公区：柱体立面以文化石铺排，活跃了空间的整体气氛；上方天花板喷上黑色油漆，让空间呈现挑高的视觉意象。

2.3.内玄关区：进入内部，使用板岩砖与梧桐风化木格栅营造的立面墙与天花板构筑出立体意象，并引出公司的企业标志。

4.会议室：极具设计感的展示架，俨然成为空间上的视觉焦点。

5.质材选择：洽谈区旁边的立面墙是由梧桐木皮及茶镜搭配的斜向设计，还巧妙隐藏了一间茶水间，具有设计感与律动感。

4

5

坐落位置 | 台北市・五分埔
空间面积 | $10m^2$
格局规划 | 展示区
主要建材 | 吸音板材、杂镜、硅璪土、人造石、松木染色

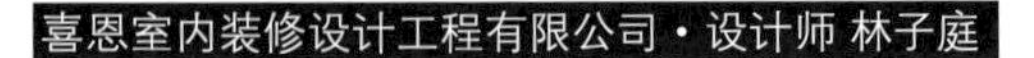

喜恩室内装修设计工程有限公司・设计师 林子庭

自然轻舞・选件好衣

本案中，设计师结合门牌号码从空间到形象商标及品牌定位进行全盘性思考，使用吸音板材混搭松木大地色木皮铺陈，营造出了高质感氛围又不失亲切度。

喜恩室内装修设计工程有限公司·设计师 林子庭

活泼色彩·延伸时尚心情

坐落位置 | 台北市·五分埔

空间面积 | $40m^2$

格局规划 | 展示区

主要建材 | 海报、硅璪土、人造石

低单价的时尚热销款是该店的营销风格，海报的活泼色彩则营造出空间的明亮感。观察地形后设计师发现固定时段会有盐酥鸡及卤味摊贩营业，因此在廊道上方加入空气门，既避免味道的沾染，也延伸了展示区域。

玉鼎室内装修设计有限公司·玉鼎设计团队

美学、功能、飨宴创造

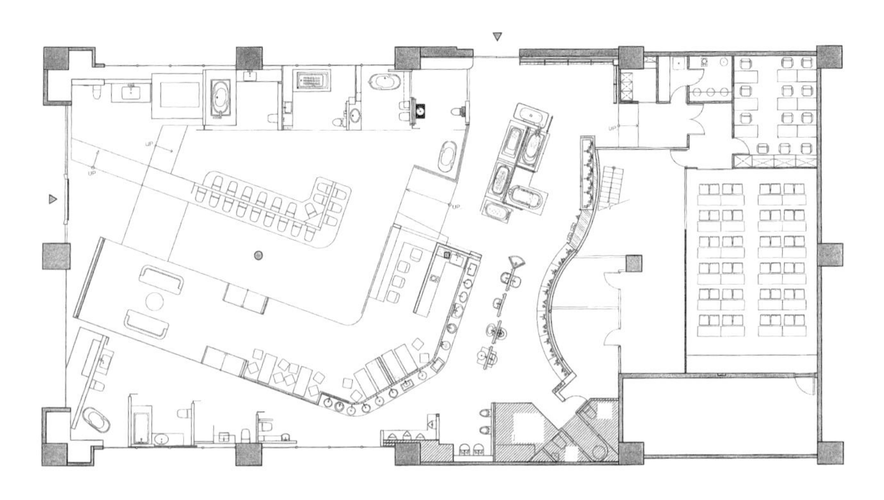

坐落位置 | 台北市·信义区
空间面积 | 661m²（展示区496m²、办公会议区65m²）
格局规划 | 展示区、接待柜台、洽谈区
主要建材 | 石材、木皮、铁件、马赛克、海报

为符合该店品牌不断创造需求和新文化的理念，除产品以展列方式表现外，在立面辅以大型海报，配合着顾客的行进步伐，在洽谈处嵌入液晶电视，以影音形式将冰冷的技术说明具体化。

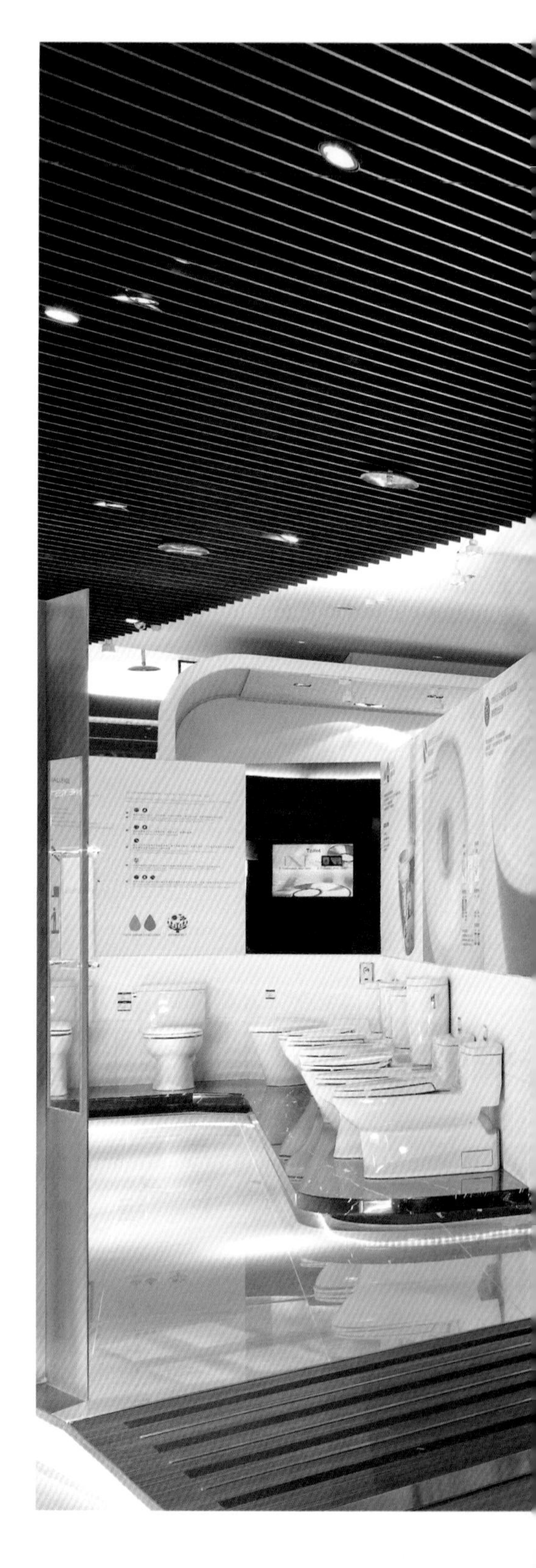

WASHLET
1980
1983
1997
2004
1988
1992
2006
2010
2010年WASHLET
30,000,000
AUTO FUCTION TECHNOLOGY
自動感應技術
NEOREST

展示区：为符合该品牌以不断创造需求与提出新文化的理念，产品除以展列方式表现外，还在立面处辅以大型海报，配合着顾客的行进步伐。

1

2
3

落地窗吸引着行人的目光，通过地面线条导引，无形中让访客有亲切的互动感受，为凸显视觉的变化性，以现代感为风格主调，明快的线条让访客进入大厅即有回家般的轻松；而柜台部分则运用石材天然纹理，延伸层次并提高气派度，进而导引动线展开；展示路径以无障碍概念为主轴，缓坡导引下不仅有着切换区块的暗示性，同时也纳入更多客户来访的可能，另外产品也刻意采用集中、统一的方式展示，以方便消费者选购。

1.**店面外观**：以落地窗吸引行人的目光，通过地面线条导引，无形中让访客有亲切的互动感受。
2.**接待柜台**：木与石的自然素材映衬着其品牌形象，典雅又不失华丽。
3.**水龙头展示区**：铁件与镜面的利落中，轻划出两种商品，展现透而不断的连续动线。
4.**情境展示区**：临于洽谈动线旁的展示区域，色调温润、木质舒适带出卫浴的新体验。
5.**订制展示区**：卫浴系列产品中，可见光影洗炼，石材质感散发出不同凡响的魅力。
6.**卫洗丽展示区**：黑色的基底铺陈，在空间中带出流畅的层次感。

邑法室内设计・设计师 宋明翰

在北欧之境・遇见缪思女神

坐落位置 | 台北・信义区

空间面积 | 73m²

格局规划 | 玄关、餐厅、视听区、阅读区、洽谈区、休憩区

主要建材 | 实木、耐磨地板、钢琴烤漆

专为设计人建造的创意时空区域，创作时源源不断的灵感，绝非是轻易地凭空而来，而是主动观察周围的氛围变化，或是在光影更迭间快速抓住稍纵即逝的点子，任何突如其来的想象，都可能成为创作中最关键的一笔。

1
2

1.3.4.**阅读区**：上班不受限制，坐在办公桌，随意走到一个角落翻书、沉思，都是寻找灵感的方式。
2.**收纳柜**：柜子的设计不只是收纳，也成为室内重要的装饰之一。

1.2.**洽谈区**：主要使用纯色及原木色彩，以打造工作室的无压氛围。让员工在洽谈区和客户互动，电视的设置也有助于展开话题。
3.4.**红酒柜**：洽谈桌旁的红酒柜，依收纳种类分割尺寸，在洽谈时也能就近举例参考。

设计师把空间想象成偌大的创意方盒，希望给员工一个无拘束的创作天地。虽然位于缺乏自然光的商业大楼，但置身在开放态度的工作室中，却丝毫不见一般商业办公室的封闭、沉闷感，这得归功于绝妙的光影铺陈、植栽摆设以及自然材质的进驻。在北欧风的自由、原始概念里，设计师将主要颜色分为木纹、纯色系两种，且室内没有多余的隔间墙，只需绕过以设计书堆起的功能柜，就直接转换到另一个区域；而通过主题布置的差异，巧妙地为每个角落独立出不同的功能属性与氛围。

工作不再被规范于狭小的办公桌上，这种开放不受限的设计概念，鼓励员工在投入创作中随意走走，在放松的气氛下找到创意灵感。因此，设计图旁时常有一杯浓醇的咖啡，偶而也能倒杯红酒自行品尝，甚至遇上瓶颈，还能在视听区打打游戏转换心情。相辅相成的还有办公氛围的营造，恰到好处的光源层次及绿意散布，刻意营造的自然休闲情境，让设计人在情绪的放松与释放后，萌发更多创作意念。

1
ECONOMICS

2

3

1.**工作室外观**：以设计橱窗的概念，结合色彩艺术打造装饰主题，在商业大楼中十分抢眼。
2.**玄关**：衣架结合挂勾的实用功能，在一片纯色中注入更多趣味感。
3.**休憩区**：布置上可见不少创意巧思，如休憩区的白色鹿头、原木家具与威尼斯镜的华丽形成冲突美感。
4.**工作室一隅**：玻璃窗加上百叶窗的设计，使光影充满生动的线条层次。
5.**入口**：灰蓝色油漆的墙面，使人有沉静之感。

鸿梓空间设计·设计总监 郑惠心 参与设计 黄翔臻

中西交融·低调奢华饭店风

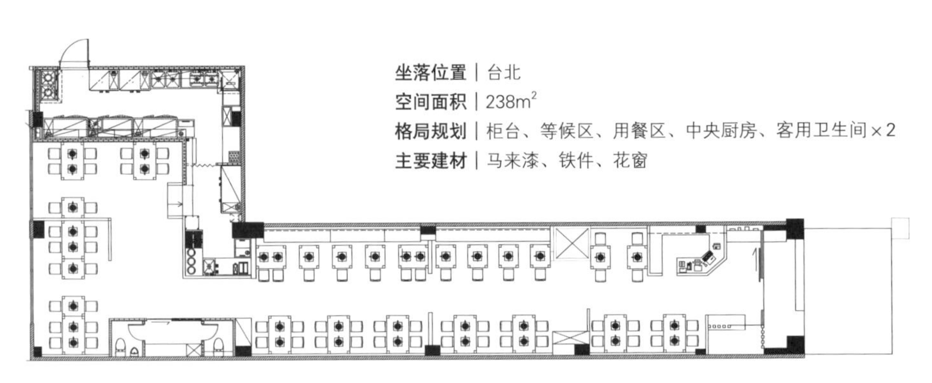

坐落位置 | 台北

空间面积 | 238m^2

格局规划 | 柜台、等候区、用餐区、中央厨房、客用卫生间×2

主要建材 | 马来漆、铁件、花窗

泼墨手法呈现的中式山水，在浓淡深浅变化里，通过后方光源投射出立体的光影层次，以六角切边造型柜台线条活化进门视野；一旁的等候区亦以连续式不对称斜切线条呼应，在以墨镜、明镜及灰镜的错落搭配中，虚实交错出低调奢华的空间印象。

延续天然与精致的店家精神，设计师不仅在天花与地面处以深浅两色木皮与几何线条，呼应对称的简约美学，更在天花处以双层做法搭配光影投射的方式，营造高质感的用餐氛围。而飘扬于空中的扶桑花图腾搭配仿水墨线条半穿透屏风，隐喻的中式风情向后传递至末端的落地花窗，在现代美学中体现中式古典风情。

1.**现代简约美学**：在天花与地面处以深浅两色木皮与几何线条，呼应对称简约美学。
2.**高质感用餐氛围**：天花处以双层做法搭配光影投射的方式，营造高质感的用餐氛围。
3.**中式花窗**：空间末端打造落地花窗，在现代美学中体现中式古典风情。

2

3

御田室内设计・设计师 张维玲

奢美线条勾勒皇后服饰店

以意大利顶级进口服饰、配件为主的女装服饰店房主，非常喜爱豪宅般华丽与质感的氛围铺陈，希望赋予她的服饰店以全新尺度的华丽风格，呈现出一种仿佛欧洲宫廷华美的皇后更衣室一样的装饰。

坐落位置｜高雄·美术馆区
空间面积｜$83m^2$
格局规划｜柜台、咖啡吧台、展示区、更衣室
主要建材｜线板、琥珀镜、马赛克石材、夹绢丝玻璃、丝绒布、金箔、水晶、锻铁

1.天花设计：线条繁复、晶灿耀眼的水晶吊灯，悬垂于仿明清花瓶图纹的天花下方，并于外围以金丝线板滚边，带出宫廷气势。
2.购物空间：大量运用金箔、丝绒、镜面、水晶等元素，勾勒金字塔顶端消费者的奢美购物空间。

1

2

线条繁复、晶灿耀眼的水晶吊灯，悬垂于仿明清花瓶图纹的天花下方，并于外围以金丝线板滚边，带出宫廷气势；而全室大量运用金箔、丝绒、镜面、水晶等元素，勾勒金字塔顶端消费者的奢美购物空间。为了让客人更感尊宠，设计师以闪烁七彩色调的夹绢丝玻璃墙面打造咖啡吧台，且于手把、五金等细节讲究质感，更以手工切割镜面让细节更臻完美，以豪宅等级打造商业空间。

1.精品柜：手工订制的精品柜让展售物品更见质感。

2.豪华购物空间：全室大量运用金箔、丝绒、镜面、水晶等元素，勾勒金字塔顶端消费者的奢美购物空间。

3.细节讲究：手把、五金等细节处讲究质感，更以手工切割镜面让细节更臻完美，以豪宅等级打造商业空间。

原创空间设计·设计师 林士翔

古宅风韵的怀石料理名店

坐落位置 | 台北市
空间面积 | 496m^2
主要建材 | 卵石、格栅、玻璃、木皮

超过半世纪的日本怀石料理名店，分店选择落脚于台北市中心，除了引入纯正的“自然流”食艺精神外，还需重现古宅意境的名店氛围。街角的日式古灯昏黄卵石小径，踩踏期间绿风轻拂，洗涤满身尘嚣。为保有全包厢式空间的穿透无压感，设计师以日式格栅、玻璃呈现虚实掩映的层次空间，再现老宅风韵。

1.**古宅风韵**：除了引入纯正的“自然流”食艺精神外，还重现古宅意境的名店氛围。
2.**会席料理**：完整呈现日本本店“自然流”的会席料理精神。

3.**花艺精神**：一缕幽香传来，味觉之外，也让嗅觉感知花艺精神。
4.**包厢**：以日式格栅、玻璃呈现虚实掩映的层次空间。

取自当地食材的精致料理，是“自然流”遵循的料理原则，而点缀素朴古宅风韵的当季花艺，亦是呼应自然流的重要精神；以棉纸玻璃相隔的全包厢环境里，视野掩映间，一缕幽香传来，除味觉外，也以嗅觉感知到花艺精神。而从半弧的阶梯拾阶而下，尽头的花艺庭园以黑石小径铺陈，让顾客随着时序的更迭，在季节感里享受沉静、放松的用餐氛围。

1

2

3

4

5

1.**自然流**：呼应取自当地食材的精致料理，以当季花艺的色彩呈现空间生命力。
2.**梯间设计**：茶镜与灯光的虚实掩映交错间，展现出现代时尚感。
3.4.**当季食材**：取自当地食材的精致料理，是“自然流”遵循的料理原则。
5.**花艺庭园**：花艺庭园以黑石小径铺陈，让顾客随着时序的更迭，在季节感里享受沉静、放松的用餐氛围。

雅设室内装修设计有限公司·设计师 苏健明 Arthur Su

留一片白·
自由变化空间色彩

坐落位置｜新北市·中和区
空间面积｜149m^2
格局规划｜接待区、行政区、资料整理区、会议室、主管办公室
主要建材｜烤玻璃、抛光石英砖、超耐磨木地板、透心美耐板、钢板

本案为一处从事平面印刷的商业办公空间长形的空间格局，设计师需分割出完整的功能领域，以不超过五种色调呈现长形空间的宽敞明亮感，并在推门而入的那一刻起，就能让人感受到放松舒适的空间感受。

1

2
3

黑白对比的沙发与吧台映入眼帘，是空间给人的第一印象，不仅是自在的接待区，更是员工放松情绪的休息区，大量的烤玻璃、清玻璃与钢板元素，引入来自前后的自然光，放大明亮了空间；黑白基调的空间里，更利用灯光与色彩比例，低调表现设计层次，装点出缤纷多变的场域表情。

1.**商办空间**：黑白基调的空间里，利用灯光与色彩比例拿捏，低调表现设计层次。
2.**天花设计**：以裸露楼板与包梁等手法修饰粗大梁体，错落出丰富的天花层次。
3.**会议室**：关上布帘与直立帘，即成为完整的独立空间。
4.**主管室**：主管室以穿透手法打造开放空间意象。

欧爵设计・设计师 吴希特

建材营造多元表情的接待中心

坐落位置 | 台北市・北投区

空间面积 | 165m²

格局规划 | 门市

主要建材 | 陶烤门板、蜂巢板、板岩、抛光石英砖、木地板、锻铁、铝框、雪白银狐大理石、茶镜、杉木裁切、乱纹板

沿着铺饰于灰色板岩砖地面上的洗石子台阶进入室内，现代时尚的弧形不锈钢接待柜台映入眼帘，而蜂巢板系统柜与文化石墙则铺叙出自然质朴，设计师还充分利用建材表现出接待中心的多元表情。

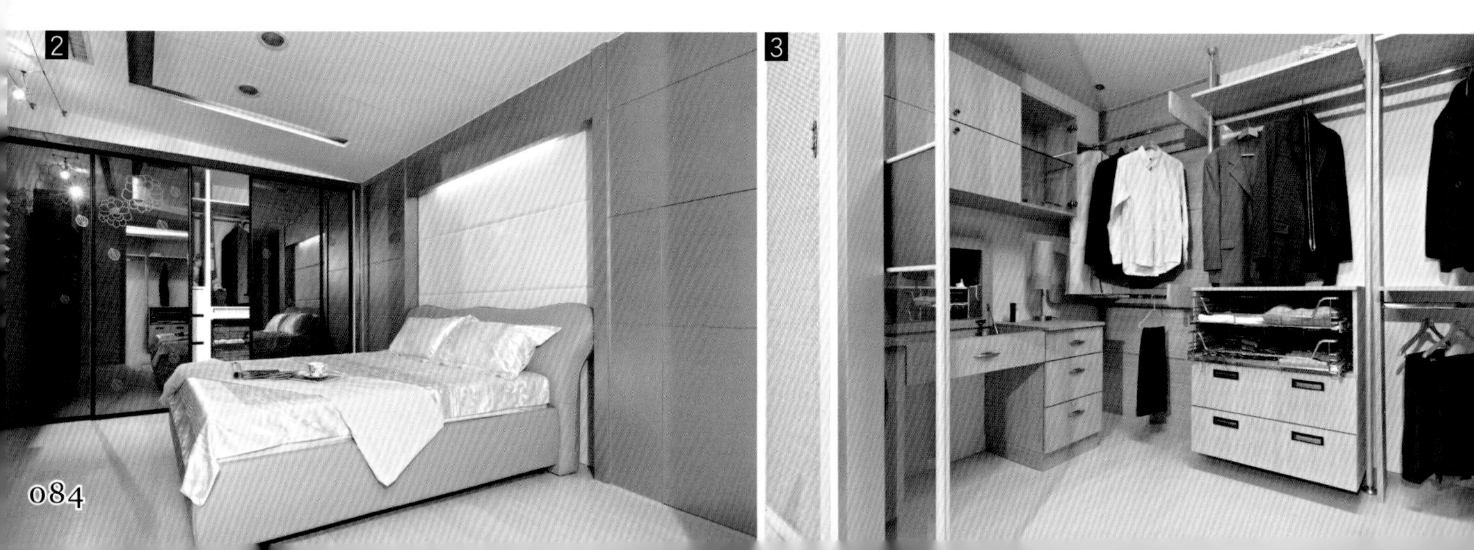

这是一家销售建材的门脸房，处处体现了人性化设计内涵。可以设想客户在接待区挑选完建材并于架高地面的石桌椅会议室谈完初步方案后，进入特别设计的展示样板房Show Room，白色抛光石英砖地面与木地板主卧室和更衣室，考虑到生活动线与引光使用的通透材质，完全模拟真实的住家氛围，给客户提供了最美好的体验。此外，完善的参观动线铺排，良好的比例拿捏，都使主题概念得以完整呈现。

1.**客厅**：净白明亮的客厅，以茶镜、杉木、玻璃罩增添空间层次。
2.**主卧室**：木作喷漆的床头墙面，以金色漆料表达金龙年意象。
3.**更衣室**：结合茶玻璃、咖啡鳄鱼皮纹系统柜，打造兼具梳妆功能的更衣室空间。
4.**参观动线**：铺饰于灰色板岩砖地面上的洗石子台阶，引导参观动线。
5.**自然质朴**：蜂巢板系统柜与文化石墙铺叙自然质朴。
6.Show Room：两户打通的商业空间，其中一半作为拟真居家的Show Room。
7.**接待区**：架高木作地面上的接待区，巧妙地将户外的石桌椅融入空间设计中。

张馨室内设计/瀚观室内装修设计·设计师 张馨

宠爱女人·美式风格产后护理中心

坐落位置｜台北市
空间面积｜992m²
格局规划｜接待大厅、妈妈教室、婴儿房、沙龙、套房×22间
主要建材｜结晶化地板、一级防火建材、线板、油漆、壁纸

怀胎十月的盼望到新生儿的到来，不同于一般坐月子中心的装修诉求，业主期待以美式的温馨质感，打造妈妈与宝宝都舒适的休息环境。规划之初考虑到月子中心主要为套房布局，地面上需预留管线高度，跳脱传统水泥砂容易增加旧大楼结构负担的做法，改以结晶化地板及一级防火建材为隔间，同时兼顾了安全性与环保概念。

色彩设计上公用大厅使用蓝白色系，并用粗细线条铺陈精致小玄关和客用卫浴感，美式风格壁炉则构造一处重要主景；走进内部的妈妈教室则以大地色系规划，聚落式的座位安排营造美式下午茶般的高贵与包覆感，加上白色三角钢琴的悠扬旋律，满足身为钢琴老师的业主为大家弹琴的美好梦想。

1
2

3

1.**套房规划**：设计师运用色彩、壁纸变化，呈现大地色、水蓝色、湖水绿三大色系套房。
2.**VIP房型**：房内分为客厅区和睡眠区两大区块，壁炉造型电视柜可旋转使用。
3.**大地色系套房**：以刷漆和壁纸着色套房，展现不同的专属特色。
4.**接待大厅**：偏向美式风格的壁炉设计，搭配两侧经典的双开玻璃格子门，配置出双动线入室格局。
5.**房内入口**：备有脏衣柜、冰箱、洗手台是月子中心的基本配置。

冠驻室内装修设计工程有限公司・专案设计师 陈岳宏 陈震宇

品味现代日式时尚料理

坐落位置 | 新北市・板桥
空间面积 | 231m²
格局规划 | 柜台、吧台、开放式用餐区、小包厢、大包厢×2
主要建材 | 木皮、茶玻璃、茶镜、明镜、板岩、文化石、镜面不锈钢、喷砂玻璃

本案为位于饭店二楼的日式料理店，设计者以炫目的线条、镜面、玻璃艺术元素揭开精彩序幕；从楼梯入口处向上仰望，有两道白色边框的圆弧曲线向上延展，挑高木皮墙面上的不规则大圆与圆弧线条交错，与散落在四周的小圆营造虚实交错的美感。另外，挑高墙面的艺术创作及前进视线中的镜面艺术都令人感受到惊艳与震憾。

楼梯间的立面墙上，店名与双鱼图腾龙飞凤舞地游走在明镜上，周围再以明镜及茶镜组合围绕，横竖的线条则构叠出错落的美感。这里是全室施工难度最高的区块，每一块镜面皆精准计算，若其中一块镜面有毁损，需拆除周围的镜面重新制作，经过繁复细腻的制作流程，最终完成了质感细致、气势磅礴的镜面艺术墙。

1.**圆弧线条**：从楼梯入口处向上仰望，有两道白色边框的圆弧曲线向上延展，炫目的线条、镜面、玻璃艺术元素揭开了精彩的序幕。
2.**镜面艺术墙**：楼梯间的立面墙上，店名与双鱼图腾龙飞凤舞地游走在明镜上，周围再以明镜及茶镜组合围绕，横竖的线条构叠出错落的美感。
3.**楼梯**：循着线条拾级而上，挑高木皮墙面上的不规则大圆与圆弧线条交错而过，与散落在四周的小圆营造虚实交错的美感。
4.**柜台**：半圆弧的柜台是设计师保留前一任房主的旧家具，融合新设计的不锈钢镜面、喷砂玻璃及深色木皮搭构的酒柜空间，在重点光源的照明下，新与旧搭配交融出不突兀的混搭时尚。
5.**文化石柱体**：以文化石包覆的结构大柱铺排出低调的人文质感。

4

5

进入二楼的店面空间，简单的庭园造景置于大片的采光窗前，与架高木地板包厢区圆弧的格栅搭配出简单的日式表情，左方半圆弧的柜台是设计师保留前一任房主的旧家具，融合进了新设计的镜面不锈钢、喷砂玻璃及深色木皮，搭构出酒柜空间，在重点光源的照明下，新与旧搭配交融出不突兀的混搭时尚。

1.**中岛**：置于开放用餐区中央的中岛吧台，是为了饭店供应房客早餐的特别设计。
2.**半穿透式设计**：设计师撷取楼梯镜面艺术墙的线条，以茶玻、茶镜及格栅打造具有放大感的现代化包厢空间。
3.**小包厢**：架高木地板的格栅包厢区，营造出浓厚的日式风味。
4.**板岩地面**：质朴的板岩地面与文化石墙，展现淡淡的东方禅风。

濃富空间设计・主持设计师 黄豪程

以设计感展现北欧纾压用餐空间

坐落位置 | 高雄・凤山
空间面积 | 423m²
格局规划 | 1F：户外用餐区、用餐区、收银台、吧台、厨房、公用厕所
2F：厨房、休闲用餐区、VIP会议区、户外休闲区
主要建材 | 梧桐木洗灰、文化石、石材、玻璃、铁件

这是台南一家餐饮店，设计师用白色的文化石墙、染灰的梧桐木及童趣壁纸，以北欧设计风格打造了一方纾压清凉的用餐空间。

1
CAPPUCCINO
LATTE
MILK
ESPRESSO MACHINE

2

上下两层楼的用餐空间，单层占地为212m²，其中户外用餐区占地为93m²，设计时拆除隔间墙，尽可能呈现开阔及融入自然的舒适感。

使用略带冷调的色温描绘室内，并在已有的设计上增设白色文化石墙，以丰富氛围层次。收银台旁的轻食吧台区，按照业主的需求规划用餐桌，仿日式吧台的设计能与顾客有更密切的互动。

较为隐秘的二楼空间主要为商务社团聚会之用，除了规划休闲餐区，另设置了会议桌，而户外露台也架设木作平台、棚架，以呈现更自在不羁的情调，在相同的设计线条中，设计师以多元弹性的空间配置，满足了不同的使用需求。

1.端景设计：胶合玻璃与梧桐木洗灰造型墙面掩去后方卫浴，让展示柜里的彩色杯盘组聚焦空间视野。
2.纾压用餐空间：白色的文化石墙、染灰的梧桐木及童趣壁纸，以北欧设计表情打造一方纾压用餐空间。
3.4.户外休闲区：户外露台也架设木作平台、棚架，呈现更自在不羁的情调，在相同的北欧语汇中，设计师以多元弹性的空间设计，满足不同的使用需求。
5.设计感角落：融入铁件线条与灯光的造型书墙，与一旁加入童趣壁纸包覆的电梯，少了工业感，成为最有味道的设计感角落。
6.二楼：较为隐秘的二楼空间主要为商务社团聚会之用。

鸿梓空间设计·艺术总监 郑惠心

在咖啡厅与时间对话

坐落位置｜台南
空间面积｜208m²
主要建材｜玻璃、喷砂贴纸、石材、风化板

时间的轨道无声推进、话语的力量无形蔓延，无形却真实存在于人们互动的空间里，让散落的灯光作为短暂驻留的人物影像，斜射而过的线条则是滴答流转的分秒针，而人们对谈的话语则与时间交错在穿透、折射的线性灯光层次里，“九分十刻”的概念，完美谱画出咖啡厅的设计本质。

1

2

3

4

上下三层楼的格局配置，给了设计师发挥空间层次技巧的舞台，散落于垂直动线墙面上的四方造型照明，在明暗间反差出耀眼的光彩，刻意以金属质感扶手强调线条感，向上仰望，呈现层叠交错的视觉盛宴。

呼应咖啡厅的商业空间定位，以环境行为作为设计初衷，在时间无时无刻交移的空间里，点点光影是暂时驻留的人群意象，而在时间内产生的深刻对话不仅是人们的互动交流，也在隐喻时针的斜射线条里，升华成点亮空间层次的线性灯光，每一个身影的移动，似在光影反射的变化间，与空间和时间对话。

1.**咖啡厅**：呼应咖啡厅的商业空间定位，以环境行为作为设计初衷。
2.**光影变化**：在时间内产生的深刻对话不仅是人们的互动交流，也在隐喻时针的斜射线条里，升华成点亮空间层次的线性灯光。
3.**造型照明**：散落于垂直动线墙面上的四方造型照明，在明暗间反差出耀眼的光彩。
4.**采光**：大面向的自然光照在晨昏间变化视野层次。
5.6.**梯间设计**：向上仰望，黑色的天际线下，呈现层叠交错的视觉盛宴。

JY金圆室内设计・设计师 骆中扬

会呼吸的绿概念餐坊

坐落位置 | 新北市・新店区
空间面积 | 99m^2
格局规划 | 座位区、吧台区、卫浴
主要建材 | 大理石、文化石、玻璃、铁件、硅藻土、木皮

随着线路的延伸，带动新市镇商圈兴起，且邻近高科技产业公司的地利条件，更带来知名连锁餐饮集团品牌聚拢，而小而美的家庭式用餐空间，在知名餐饮品牌环绕下，则以其温馨的氛围异军突起。

这是一家超过三十年房龄的老屋，原店面格局不符合使用需求，因此拆除全室格局，规划出用餐区、吧台、卫浴空间等，为让空间达到视觉最大化，仅以深浅两色漆面包覆出天花最佳高度，刻意不隐藏的管线融入梁体线条内，成就向上眺望的视野层次，并于立面处施以镜面墙放大横向面积，结构柱则以红砖墙造型的文化石包覆。

1.**开放空间**：拆除全室格局，规划出用餐区、吧台、卫浴空间等。
2.**自然格调**：呼应主体风格，桌椅亦以大地色系呈现一体性。
3.**铁件格栅**：铁件搭以木底基座的设计，让架上的红酒增添设计品位。
4.**立体线条**：菱格交错的柜子与立体雕花柜门，其镂空的立体线条增加视野丰富度。
5.**天花线条**：深浅两色漆面包覆出天花的最佳高度，刻意不隐藏的管线融入梁体线条内，成就向上眺望的视野层次。

4

5

延续外墙植栽意象的设计，于镜面墙前方规划植栽平台，并在上方安装投射LED植物灯，来模拟太阳光的光波设计，让植物在室内也有充分日照；向内延伸的线条，则改以枝干壁贴形成树林意象，再搭配栖息电线上的小鸟图腾壁贴，于虚于实，真实感受到自然悠闲的温馨野趣。

对比于镜面与壁纸的自然意象，对面墙面则以硅藻土表现手感纹理，在自然图腾外，以会呼吸的建材调节室内湿度并消臭，与植栽绿墙共构一方健康舒服的用餐环境。

1.**植栽墙**：延续外墙植栽意象的设计，于镜面墙前方规划植栽平台。
2.**柱体**：结构柱则以红砖墙造型的文化石包覆。
3.**座位配置**：以分享、共聚为主轴的餐厅设计，座位也经过精心铺排。
4.**外观**：干净的色调、简约的笔触，不过分张扬的设计工法，从简约美中表现共聚、分享的用餐氛围。
5.**卫浴**：从洗手台延伸铺饰的洗石子材质，呈现出不造作的质朴感。

3

Coffee&Kitchen
There is a feeling of sweet honey.
eat food as if to fly on the cloud.
the cuisine is also representing
the intentions of the chef on
the food, but also of our dreams.
from love coffee kitchen so
cherish…
Number Nine

4

5

成邦室内装修有限公司 • 设计师 张志成

混搭建材里表现简约设计

坐落位置 | 新北市 • 三峡区

空间面积 | 169m²

格局规划 | 接待区、洽谈区、茶水间、主管室、职员室、私人休息室、卫浴×2

主要建材 | 银狐石材、文化石、灰镜、夹砂玻璃、镀钛铁件、天然白橡木木皮、德国进口木地板、进口铝卷门、意大利L磁砖

室内设计师办公室除了是洽谈未来合作机会的空间，也是展现设计师功力的展示间，本案设计师即将异材质混搭功力发挥得淋漓尽致。

进门处的地面跳接灰色地砖界定玄关功能，文化石包覆的结构柱旁，以木作喷铁灰色漆结合特殊夹砂玻璃打造穿透感屏风。接待区里对花纹路的银狐大理石墙面下方，内嵌发丝黑镀钛钢板视听柜，在石材气度中增添冷列未来感。而通往各区域的廊道立面则在天然橡木皮中以灰镜跳接，在虚实掩映间隐藏卫浴与主管室入口，折射出层次丰富的廊道视野。整个设计混搭十余种建材，表现出简约现代的设计格调，并更充分展现出设计师的混搭功力。

1.**玄关**：进门处的地面跳接灰色地砖界定玄关功能，文化石包覆的结构柱旁，以木作喷铁灰色漆结合特殊夹砂玻璃打造穿透感屏风。
2.5.**洽谈区**：利用梁下空间增设上下吊柜置放样品图纸，在两侧以文化石包覆的结构柱间围聚轻松自在的洽谈氛围。
3.**天花变化**：从流明天花跳接木作格栅，天花板处亦展现建材混搭功力。
4.**阳台**：在阳台区铺设南方松打造平台卧铺，给予同事们一方喘息、整理思绪的休憩角落。

3
4
Panasonic
5
Chen

原住家格局的规划，最大的难度是需将温馨舒适的居家氛围改成办公环境。设计师拆除原厨房隔间墙，改用银狐大理石与镜面砌出半高吧台，以遮挡后方洗手台等生活感线条，后方的电器柜、高身柜、燃气灶等皆精算尺寸，修饰于齐整的立面线条里。而可供五人同时使用的职员室，则打通原两房格局营造一完整方正大房间。设计师利用梁下空间规划大容量储物柜，将庞杂的机器与线材，皆完美隐藏于铝卷门后方，呼应简洁配色黑白桌面，拉出办公空间干净简约的设计线条。

在丰富建材与简约线条外，设计师不浪费位于制高点的无敌视景，在阳台区铺设南方松打造平台卧铺，给予同事们一方喘息、整理思绪的休憩角落。综观全室，设计师从体贴的角度出发，取得设计与人本间的平衡。

1.职员室：供五人同时使用的职员室，为打通原两房格局规划的一完整方正大房间。
2.主管室：简单搭配黑白色系与木作家具，并以灯光变化空间氛围。
3.虚实掩映：天然橡木皮跳接灰镜，虚实掩映间隐藏卫浴与主管室入口，折射层次丰富的廊道视野。
4.轻食茶水区：银狐大理石与镜面砌出半高吧台，遮挡后方洗手台等生活感线条，后方的电器柜、高身柜、燃气灶等亦精算尺寸，修饰于齐整的立面线条里。
5.6.卫浴：棕灰色砖面与白色台面、浴缸的简约规划，让窗外美景成为空间主景。

喜恩设计·专案设计师 林子庭

网购名店·尝一口幸福的感觉

坐落位置 | 彰化
空间面积 | 79m²
主要建材 | 松木染白、塑料地板、乳胶漆、复古砖、贝壳石板、南方松、铁件

仰望湛蓝无瑕的天空，漫步绿意遍野的草原，偶然瞥见农场里挤着牛奶的农夫，如此一派悠闲。设计师林子庭将这样的优美景致，化为本案的设计主题，以最自然的田野风光，表现网购名店“稻喜田牛揸糖”强调的天然风味。

通过盎然绿意的田园造景，在南方松栈道的铺排下，演绎悠然的惬意时光。进入店内，开放式的明亮空间，让访客轻松无压的选购商品，设计师采用大量的松木实木，以染白的轻浅调性，塑造全室温暖质朴的氛围。

按照区域属性，将空间划分为接待区、商品展售区与咖啡座区。接待区的长型柜以松木木作打造，右侧则降低高度作为开放展示。商品展售区以黑色铁件为开架的主体，并井然有序地摆放店内多元的产品。咖啡座区，是洽谈与休息的地方，端景墙与座椅以鲜明的橘作为跳色，更为空间注入了一股活力。

稻喜田
牛楂糖
◎原味牛楂糖 袋裝〈300g〉140元
◎楓糖牛楂糖 袋裝〈300g〉140元 夾鏈袋裝〈600g〉280元
◎咖啡牛楂糖 袋裝〈300g〉140元 夾鏈袋裝〈600g〉280元
◎蔓 悅 果 袋裝〈300g〉150元 夾鏈袋裝〈600g〉280元
【新產品搶鮮上市】
◎伊豆土鳳覆 6入裝 特惠價 210元／盒
◎伊豆土鳳覆 10入裝 特惠價 350元／盒
◎伊豆土鳳覆 15入裝 特惠價 520元／盒
【宅配服務】本店有提供宅配服務，歡迎來電訂購~
滿4000元以上免費宅配。
折扣：滿20斤~29斤，可享95折優惠。
滿30斤~49斤，可享9折優惠。
滿50斤以上，可享85折優惠。
Welcome

1.**空间划分**：按照区域属性，将空间划分为接待区、商品展售区与咖啡座区。
2.**内部氛围**：开放式的明亮空间，让访客轻松无压的选购商品，设计师采用大量的松木实木，以染白的轻浅调性，塑造全室温暖质朴的氛围。
3.**田野风光**：盎然绿意的田园造景，在南方松栈道的铺排下，演绎悠然的惬意时光，以最自然的田野风光，表现网购名店所强调的天然风味。
4.**接待区**：接待区的长型柜以松木木作打造，右侧降低高度作为开放展示。
5.**咖啡座区**：作为洽谈与休息的咖啡座区，端景墙与座椅以鲜明的橘作为跳色，更为空间注入了一股活力。

雅堂空间设计・设计师 许雅闵

在英式小酒馆里·摇滚你的复古灵魂

坐落位置 | 花莲县・吉安乡
空间面积 | 264m²
格局规划 | 1F：客厅、餐厅、厨房
2F：双人房、四人房
3F：双人房×2
主要建材 | 文化石、梧桐木、塑料地板、铁件

这是一处隐藏在民宅小区内的独天别墅小酒馆，采用木作包覆的梁柱、熏黑红砖文化石墙，与手作渲染的斑驳墙面，构筑中古世纪英式风格基底，通过切斯特菲尔德皮沙发与实木家具，堆砌英式小酒馆的浪漫情调，而人字形拼贴的地面借助纹理的错置延伸，放大了公共领域的空间视感，在推门而入的那刻，仿佛坠入英式摇滚的复古风潮中。

延伸红砖墙元素来到二楼的四人房中，设计师改以木作拉门取代窗帘设计，兼具遮阳与隔音效果，空间里仅以白色天花格栅缀点，丰富了空间表情更拉高了空间感；而在另一间双人房中，刻意增设的铁件管线从天花游走连接墙面，并将电缆轴盘与汽车轮框作为床边桌使用，代表英国摇滚精神的THE BEATLES书写在英国国旗壁布上，在工业感外表现英式摇滚魂。

有别于二楼的红砖地窖风格，三楼以回归中世纪谷仓风格营造温暖情调，通过石砌墙与木作的搭配，带出精准到位的英式乡村表情；而另一间格局较小的卧室则以茶镜墙面放大空间，并利用床头墙纹理与大图的趣味性，点出马厩为蓝图的设计灵感。

客厅：木作包覆的梁柱、熏黑红砖文化石墙，与手作渲染的斑驳墙面，构筑中古世纪英式风格基底。

1

2

1.**复古英式风格**：推门而入的那刻，仿佛坠入英式摇滚的复古风潮中。
2.**餐厅**：人字形拼贴的木纹地面借助纹理的错置延伸，放大公共领域的空间视感。
3.4.**谷仓风格**：通过石砌墙面与木作的搭配，带出地道的英式乡村表情。
5.**马厩灵感**：设计师以茶镜墙面放大空间，并利用床头墙纹理与大图的趣味性，点出以马厩为蓝图的设计灵感。
6.**摇滚工业风**：刻意增设的铁件管线从天花游走连接墙面，代表英国摇滚精神的THE BEATLES书写在英国国旗壁布上，在工业感外表现英式摇滚魂。
7.**露台**：严选花莲石材规划特色露台。

雅堂空间设计・设计师 许雅闵

英式工业风的现代解析

这是一家民宿村，整个设计以微带颓废感的英伦工业风为出发点。进门处的视野，落于设计师拉出的斜角、刻意凸显清水模的墙面与红沙发老件的意象表现中；改装自货柜的茶几设计，其金属质感更点出工业风的精髓。落座后的视线前方，撷取谷仓线条的门后方隐藏了储物柜与鞋柜，而切齐柜顶线条规划的伸缩投影幕布，则可在视听娱乐之余，保有客厅完整的英式工业感表情。

沿着天花木作格栅线条向后，接续开放规划的餐厨区，对称规划的红砖与黑板漆凿面墙中间，以大幅葡萄牙街头艺术家的爆破壁画人像作品，加强空间凝聚力，而从客厅延伸而来的清水模线条中段处，采用裂纹漆与红砖砌出的壁炉造型内设置现代化壁炉，与金属感家具起到呼应主题的作用。

在卧室规划中，床头墙面与家具线条，即是展演空间不同表情的最佳画布，设计师严选木料、英文报纸等风格壁纸，再搭配以铁件、不锈钢等冷冽元素，辅以色彩的大胆运用，打造出风格各异的卧室主题。

1.**客厅**：进门处的视野，落于设计师拉出的斜角、刻意凸显清水模墙面与红沙发老件的意象表现中，改装自货柜的茶几设计，金属质感更点出工业风精髓。
2.**天花横梁衔接**：沿着天花木作格栅线条向后，接续开放规划的餐厨区。
3.**起居室**：设计师于窗边规划一隅小歇区，以经典英式元素构筑居家小酒馆情调。

1

2

坐落位置 | 花莲县・吉安乡
空间面积 | 264m²
格局规划 | 1F：客厅、餐厅、厨房、电梯
2F：双人房、四人房
3F：双人房×2　4F：双人房
主要建材 | 文化石、梧桐木、塑料地板、铁件

3
TRUST

1

3

4

1.**餐厅**：从客厅延伸而来的清水模线条中段处，采用裂纹漆与红砖砌出的壁炉造型内设置现代化壁炉，与金属感家具共同呼应主题。
2.**墙面**：对称规划的红砖与黑板漆凿面墙中间，以葡萄牙街头艺术家的爆破壁画人像作品，加强空间凝聚力。
3.**英式时尚**：英文报纸壁纸与鲜红金属座椅搭配，打造新颖的英式时尚风格。
4.**色彩表现**：蓝色墙板与床边桌，缀以鲜黄金属感单椅，呈现工业风的现代化表情。
5.**四人房**：床头墙面与家具线条，即是展演空间不同表情的最佳画布。
6.**主卧室**：红色文化石墙营造民宿主人放松闲适的度假生活。

玉鼎室内装修设计团队

皇室御用·小宝贝的旗舰城堡

坐落位置 | 台北市·敦化南路
空间面积 | 231m^2
主要建材 | 超耐磨地板、壁纸

甫于近期盛大开幕的Th é ophile & Patachou，坐落于台北敦化名媛商圈内，原汁原味地将比利时皇室最爱的婴幼童用品空运来台，在设计上延续布鲁塞尔旗舰店的古典风格，并注入了舒适、优雅与时尚等元素，成为亚洲第一、占地231m^{2}的台北旗舰店。

在外观上，设计师砌出一处优雅的时尚空间，其中的欧式雨棚设计更带有香榭大道的氛围。进入空间内部，通过线条与对称强化了古典意象，并将空间依产品系列分为四大区块：蜜粉色、丹宁色、绒灰色、原木色；每个橱窗角落、动线转折、展售空间，都在此演绎了一场时尚飨宴，见证了空间的设计美学。

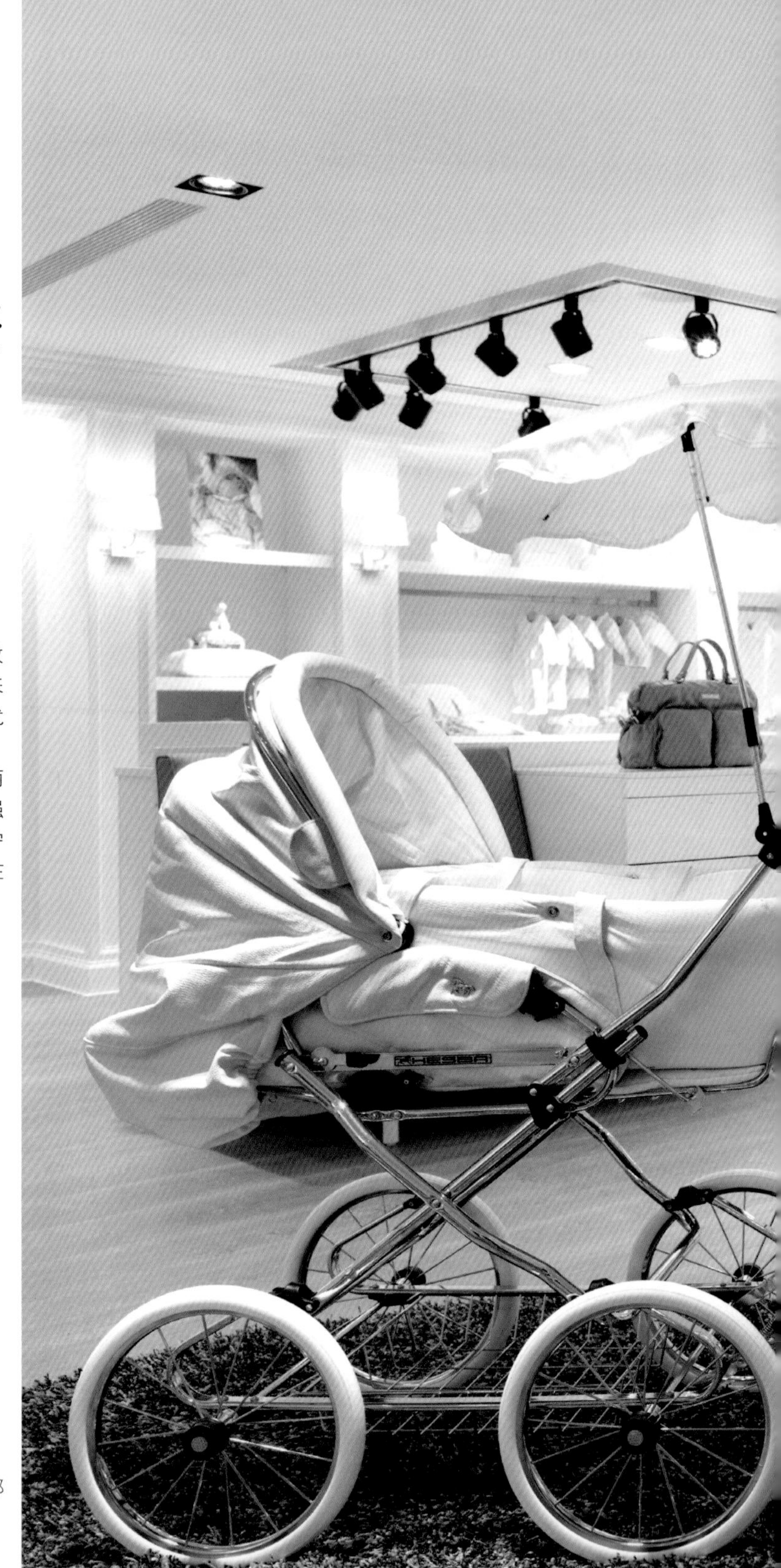

时尚飨宴：每个橱窗角落、动线转折、展售空间，都在此演绎了一场时尚飨宴，见证了空间的设计美学。

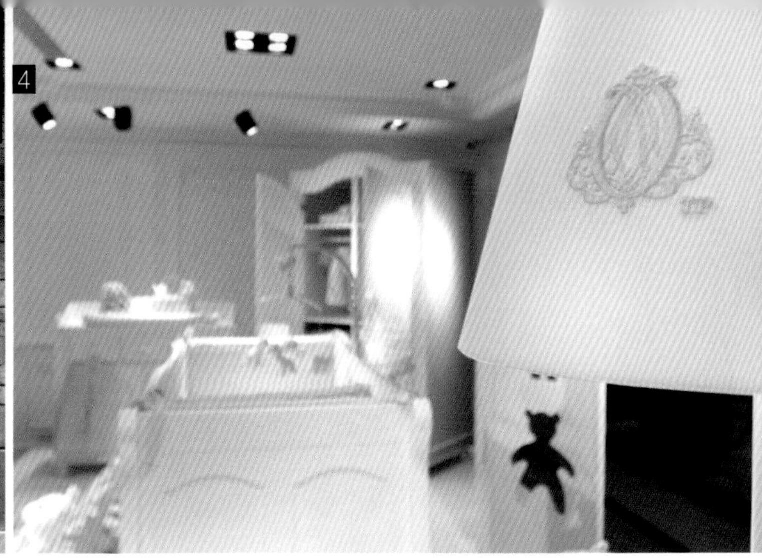

1.外观：在外观上，设计师砌出一处优雅的时尚空间，其中的欧式雨棚设计更带有香榭大道的氛围。

2.体验区：全室蜜粉的小房间，强调精选材质、细腻设计、精致绣缝与最浪漫的粉红色调，可当作妈妈临时哺乳育婴室。

3.设计主轴：在设计上延续布鲁塞尔旗舰店的古典风格，并注入了舒适、优雅与时尚等元素，成为亚洲第一、占地$231m^2$的台北旗舰店。

4.全方位品项：Th é ophile & Patachou全方位为宝宝提供从房间到外出、从头到脚所需的一切。

5.皇室最爱：这家店坐落于台北敦化名媛商圈内，原汁原味地将比利时皇室最爱的婴幼童用品空运来台。

6.蜜粉色展示区：以古典简约的线条勾勒出隽永的时尚，做工细致的婴幼儿家具深受大众喜爱。

7.原木系列展示区：以白色搭配温润的原木地板为主题，根据生活需求来配置衣物、织品、婴儿车等用品。

6

7

好蕴设计有限公司·设计师 苏怡珊

复合式餐饮空间·梨小爱的家

坐落位置 | 台中
空间面积 | 1031m²
格局规划 | 1F：接待区、贩卖区、吧台、柜台、用餐区、洗手间、厨房
2F：儿童阅读室、办公室
3F：VIP包厢、用餐区、会议室×3、备餐室
主要建材 | 涂装木皮板、木纹水泥板、烤漆、南方松

这是一家以公仔“梨小爱的家”为构想的复合式餐饮空间。设计师以乡村风为精神，借助低吧台设计，互动出完整的教学或活动空间，承袭吧台造型，接待区主墙面以不同绿色阶的雕刻板构织，营造出回家般的幸福；整体形象上跳脱过往白与绿的色彩，而采用较高比例的木皮温润铺陈，留白的自由度给予了经营者更多的摆设表现。

廊道转折处，仿照建筑物外观形以开门意象处理过道，木纹水泥板为斜向堆砌，让访客连寻找洗手间都有着童话般的浪漫，其上方原本是屋高较低难以运用的空间，设计师则按照小朋友的身形、比例创造出专属阅读室。

另外，设计师还纳入经营者未来增加婚宴服务的计划，在三楼大型用餐区隐藏舞台功能的并以地面色彩变换、谱画新人入场动线，再加以VIP包厢弹性融入，呼应上一楼犹如饭店大厅般的接待区块，以温馨与多面向手法营造都市人休憩的新空间。

由外望向包厢：可弹性融入婚宴使用的VIP包厢，呼应上一楼犹如饭店大厅般的接待区块，以温馨与多面向手法营造都市人休憩新空间。

1.楼梯：侧向大、中、小的板材律动，细节提点乡村风的活泼质感。

2.一楼用餐区：以公仔“梨小爱的家”为构想的复合式餐饮空间，以乡村风为精神，互动出完整的教学或活动空间。

3.用餐区一隅：整体形象上跳脱以往白与绿的色彩，而是采用较高比例的木皮温润铺陈，留白的自由度则给予经营者更多的摆设表现。

4.**VIP包厢**：利用格子门开阖所生的双动线，在举办大型宴会时，可将包厢内大长桌作为取餐台使用。

5.**儿童阅览室**：原本屋高较低难以运用的空间，设计师按照小朋友的比例打造专属阅读室。

6.**用餐区**：空间运用上，设计师纳入未来可作为婚宴场地的计划，在三楼大型用餐区折门隐藏舞台功能，并以地面色彩变换、谱画新人入场动线。

7.**哺乳室**：木纹地砖的暖度、玩偶树的童趣装点，给予亲子安定且富趣味的哺乳空间。

你你空间设计有限公司·设计师 林倩如

禅风与现代交融的售楼中心

坐落位置｜新北市·林口
空间面积｜162m^2
格局规划｜销售区、吧台区、VIP区、工学馆
主要建材｜栓木、铁件、马来漆、大理石

以两立体方盒为交迭，水泥板轻浅包覆黑色系实木架构，色彩对比、光带变化点缀出自然光影轨迹，而细节中线条的宽、细变化，不仅巧妙地切割出模型台和销售区，更精算出看房者入座后的窗景视线，再辅以庭院造景无阻碍的流畅自然，描绘了禅风与现代的交揉意象。

进入主要接待厅，不规则格状组合天花缀以光晕线条，气势与主景导引律动，亦漂亮聚焦出茶花主题；一旁开放式大厅柜台与吧台则选用马来漆衬底且框入金属线条，两侧格栅线条巧妙地表现冷气出风口的存在感。

为在洽谈区营造出利落的轻盈感，设计师以木作、铁件与黑玻构织屏风，让访客有了隐私性的保留。另外，考虑到VIP客户需求还规划了独立空间，其背墙衬入胡桃木镂空的中式窗花，并以灰镜虚实提升整体尊宠质感。

接待中心外观：外墙线条的宽、细变化，不仅巧妙地切割出模型台和销售区的风景，更精算出看房者入座后的窗景视线。

1
2
INTERIOR DESIGN
你你空間設計有限公司

3
INTERIOR DESIGN
你你空間設計有限公司

1.**大厅柜台与吧台**：马来漆的衬底框以金属线条，开放式柜台内蕴含吧台功能，而周围格栅线则巧妙地表现冷气出风口的存在感。
2.**VIP区**：考虑到VIP客户的需求，规划了独立空间，背墙衬入胡桃木镂空的中式窗花，以灰镜虚实提升尊宠质感。
3.**接待大厅**：主要接待区以木作、铁件与黑玻构织屏风，营造出利落轻盈。
4.**建筑结构**：色彩对比、光带变化点缀出自然的光影轨迹。
5.**庭院造景**：窗景无阻碍的流畅、自然引景，通过户外庭院铺陈描绘了禅风与现代的交揉意象。

邑法室内设计・装置艺术・设计师 宋明翰

日光照耀・瑞典小公寓设计风

坐落位置 | 台北市・大直
空间面积 | 83m²
格局规划 | 1F：洽谈区、休闲区、卫浴
2F：工作区、办公室
主要建材 | 清水模、金属、实木、硅酸钙板

车马喧嚣的市区，似一幅冒着蒸腾热气、呼啸而过的动态画作，街边一隅，视线穿透玻璃橱窗，迎着日光的白色造型书架上，建材样书错置排列，隐约可见水泥粉光地面上，静置着木箱与造型书册，而摆放于落地窗边，保留原木蛀痕木桌上的黑色复古电话与打字机，也在穿透盆栽造景的日光照耀中，一展瑞典小公寓的设计表情。设计师结合阳光与自然，在都市丛林里打造一方温暖简约的室内设计办公室。

在以实木、清水模等自然元素构筑的开放空间中，除了在动线末端规划L形吧台茶水区外，设计师另订制结合沙发、洽谈桌与餐桌功能的大型家具于空间中央，多元的功能规划，争取出两侧墙面摆放钢琴与收纳柜的空间，进而导引流畅的行进动线。

接续一楼清水模墙面来到二楼，设计师特意保留原建筑物的裸梁，同时搭配喷饰白漆的管线以打造工业感LOFT风，并通过赭红与灰蓝墙面色系区分空间功能，而衔接两区域间的大型工作桌，不仅具有绘图功能，其独特的造型线条，更像独一无二的艺术作品。

对话空间：垂直动线的挑空穿透，呈现无碍的对话空间。

FACIT
LA CHINE
FASTING

1.**温暖简约**：设计师结合阳光与自然，在都市丛林里打造一方温暖简约的室内设计办公室。
2.**日光穿透**：迎着日光的白色造型书架上，建材样书错置排列，构筑瑞典小公寓的设计表情。
3.**一楼**：以实木、清水模等自然元素构筑的开放空间。
4.**流畅动线**：多元的功能规划，争取出两侧墙面摆放钢琴与收纳柜的空间，进而导引流畅的行进动线。
5.**多功能家具**：设计师另订制结合沙发、洽谈桌与餐桌功能的大型家具置于空间中央。

3

4

5

1.**空间一隅**：清水模、钢琴与柜子共构出美丽的空间角落。
2.**简报功能**：悬于墙面的电视具有视听娱乐与简报的双重功能。
3.**书墙**：温润木质与书本构筑人文意味的书墙景观。
4.**梯间**：清水模串接的梯间动线，设计师采用茶玻围栏营造明亮视野。
5.**工作桌**：衔接两区域间的大型工作桌，不仅具有绘图功能，其独特的造型线条，更是独一无二的艺术作品。
6.**建材变化**：接续一楼清水模墙面来到二楼，改以深浅色系木纹铺叙墙面与地面。
7.**色彩划分**：通过赭红与墨绿墙面色系划分，界定办公区与工作室的功能。

帝谷室内装修设计有限公司·帝谷设计师团队

涵养时尚·接待会馆的美学设计

坐落位置｜台中市
空间面积｜300m^2
格局规划｜1F：接待区、办公室、花园
2F：阳台、客厅、吧台、餐厅、厨房
主要建材｜青观音、福鼎黑、大理石、帝利纳系统柜

本接待会馆在建筑蓝图绘制阶段，就请设计师为之操刀规划室内平面图，因此，有充足的时间来进行详细规划。整个设计以石材的细节变化表现质感，同时考虑日光动线，通过精算比例的采光区，营造光影变化。

在动线规划上摆脱传统框架，而是循着架高地板的行进线条进入室内，同时在清玻隔间的敞阔中，有着丰富层叠的延伸视野。沿着房廓接口蜿蜒出的动线，分化出完整独立的功能格局，未来只要增添墙面设计，即可将后方办公空间纳入作为前方接待区。除了有室内楼梯的动线规划，设计师亦在贵宾车库区规划独立室外梯以通往二楼露台，保证了房主生活的私密性，外宾可直接通过外部动线参与欢乐Party时光。

在石材为底的二楼，以壁布电视墙与订制挂画等软性元素平衡石材冷度，而衔接后方餐厨区的天井，则通过天花与吧台的曲度流转，平衡垂直水平线条的设计比例，更因前后阳台的引光贯穿拉伸了视野长度，进而增添了空间敞度。

开放规划的餐厨区与后阳台的自然光共筑温暖优雅的用餐氛围，厨具采用欧洲进口精致板材，在美学与功能并陈的基础上，呈现进口家具的精致质感。而设计过程中的创意结晶，也化为一帧帧的餐厅墙面装饰，在时尚美学设计外，更感温暖知性。

客厅：南北座向的方位，没有东西晒的舒适度问题。

1.**接待区**：入口处规划舒适景观接待区。
2.**阳台**：除了有绝佳的公园绿景外，也将户外音响融入石材造景中，外宾可直接通过外部动线参与欢乐Party时光。

3.**天井引光**：精算比例的天井设计，引日光明亮狭长房的每一个空间。
4.**餐厅**：设计过程中的酸甜苦辣，也可以化为一帧帧的墙面装饰，在设计感外，更感温暖知性。
5.**吧台**：天井处的垂直水平线条，在天花与吧台的曲度流转中，达到了完美平衡。
6.**卫浴**：引进德国品牌顶级卫浴设备，让生活更感舒适。

鸿梓空间设计・设计师 郑惠心

海天一线・粼光波动的海鲜火锅店设计

1

坐落位置 | 宜兰・罗东
空间面积 | 561m²
格局规划 | 柜台、候位区、用餐区
主要建材 | 烤漆铁件、清玻璃、玻璃贴纸

这是一家即将开张的海鲜火锅店，位居靠海的宜兰，因此以大海与阳光的意象贯穿整体设计主轴。

亮红色的店招在柜台后方绽放喜气富足的店家形象，宽敞的候位区在地面上跳接亮面材质，与立面处不锈钢及玻璃共构的流动曲线，在大型水晶吊灯与投射光源照明下，营造出日光洒落海面波光粼粼的意象，而贴覆其上导弧错落的玻璃贴纸，则犹如鱼群洄游跃出水面的华丽舞姿，黄丝交错间更显富足满载的丰年气象。

本案设计师以视感穿透的玻璃与多变的异材质搭配界定空间，就如同海洋广纳百川的开阔胸襟，在攀附天花溜转而过的光带映照下，通过玻璃映照和反射，铺叙粼光闪动、光影波涛的海天一线景象。

1.入口：亮红色的店招在柜台后方绽放喜气富足的店家形象。
2.接待区：宽敞的候位区在地面上跳接亮面材质，与立面处不锈钢及玻璃共构出流动曲线，在大型水晶吊灯与投射光源照明下，营造日光洒落海面的波光粼粼意象。
3.材质搭配：不锈钢与玻璃的垂直组合，营造层层推进的波浪层次。
4.视觉焦点：在动线交会处规划罗马柱花器与造型花艺摆饰，上方圆形光沟照明仿似天使的光环，抓出空间轴心，聚焦区域视野。

1.**天花设计**：在攀附天花溜转而过的光带映照下，以玻璃映照反射，铺叙粼光闪动、光影波涛的海天一线景象。
2.**异材质搭配**：以穿透感的玻璃与多变的异材质搭配界定空间，就如同海洋广纳百川的开阔胸襟。
3.**多彩光带**：多彩光带通过界面的变化，更增添用餐空间的缤纷活力。